엄마의
말습관

내 아이를 변화시키는 작은 혁명

엄마의 말습관

1판 1쇄 인쇄 2016년 10월 7일
1판 1쇄 발행 2016년 10월 14일

지은이 이정원
펴낸이 김병은
펴낸곳 ㈜프롬북스

등록번호 제313-2007-000021호
등록일자 2007. 2. 1

주소 경기도 고양시 일산동구 장항동 정발산로 24 웨스턴돔타워 T1-718호
문의 031-926-3397
팩스 031-926-3398
전자우편 edit@frombooks.co.kr

ISBN 978-89-93734-90-4 13590

내 아이를 변화시키는 작은 혁명

엄마의
말습관

이정원 지음

프롬북스
frombooks

차례

언제 떠올려도 힘나는 말

누군가 저에게 부모님에게 들은 말 중에 가장 기억에 남는 한 마디가 무엇이냐고 묻는다면 "정리 정돈 못 하는 사람이 창의성은 있다더라"입니다. 이 말을 들은 저는 창의력을 요구하는 일에 한번 도전해봐야겠다는 자신감이 생겼습니다.

또 스스로 쇼핑 중독은 아닐까 하는 생각이 들 정도로 구두와 운동화를 사 모을 때도 있었습니다. 그때 아버지는 잔소리 대신 "신발을 많이 사는 사람은 자아를 찾아가는 중이라더라"고 말씀해주셨습니다. 뭔가에 홀린 듯 신발을 사고는 후회하던 저에게 아버지의 한마디는 오히려 집중할 수 있는 일이 없어서 그렇구나 하고 자각하게 해주었습니다.

더 따뜻하고 힘나는 말도 많았겠지만 지금 가장 생각나는 것은 이 정도입니다. 훗날 자녀들을 다 키워 성인이 되었을 때, 아이들이 "그때 엄마, 아빠가 해준 말 한마디가 참 멋졌어. 그 말을 들으니 정말 힘이 나더라"라고 할 수 있는 한 문장이 있으면 어떨까요? 이 책은 그런 바람(이런 오지랖)에서 시작되었습니다.

사람은 누구나 살다 보면 길고 험한 인생에서 길을 잃기도 합니다. 주저앉아 울고 싶은 그때 다시 길을 찾을 수 있도록 도와주는 것은 부모님의 지지와 격려입니다. 그리고 가장 큰 힘을 발휘하는 것이 바로 '엄마의 한마디'입니다. 저는 10여 년 동안 아이들을 가르치면서, 이런 깨달음을 얻고 확신하게 되었습니다.

스타벅스를 세계적인 기업으로 키운 하워드 슐츠의 어머니는 항상 '너는 우리 모두를 자랑스럽게 해줄 거야'라는 말을 했다고 합니다. 참 멋지지 않나요? 만약 제가 이런 말을 들었다면, 우리 반 아이들이 듣는다면 어떨까요? 제2, 제3의 하워드 슐츠가 나오지 않을까요?

그 후 실제로 우리 반 아이들에게 최소 3번은 이 말을 들려줘야겠다는 결심을 하게 되었습니다. 하지만 처음부터 칭찬이 술술 나온 것은 아닙니다. 마음먹은 대로 되지 않아 결국 좋은 글귀를 적어 식탁 옆에 붙여놓고 수험생처럼 달달 외우기 시작했습니다. 그러자 어느새 그 말들이 입에 붙어 어떤 상황에서도 아이의 장점을 찾아 칭찬할 수 있었습니다.

이 책은 평소 제가 연습하던 말들에 '선생님'을 '엄마'로 바꾸고 추가, 보충한 것입니다. 아이들에게는 잘하고 있을 때 하는 칭찬보다, 좌절했을 때 주는 믿음과 격려가 더 필요하기 때문입니다.

"저는 우리 아이를 절대 때리지 않아요"라고 자신하더라도 좋은 부모가 아닐 수 있습니다. 직접 매를 들지는 않아도 언어로 폭력을 행사할 수 있기 때문입니다.

아이들은 야단치는 대로 자라는 것이 아니라 칭찬하는 대로 자라납니다. 입술에서는 30초이지만 아이들 마음속에 30년 동안, 그 이상 간직될 수도 있습니다. 칭찬은 귀로 먹는 보약입니다. 제 경험상 그러합니다. 씨앗을 뿌려놔야 언젠가 햇살이 들고 비가 내렸을 때 그 중 몇 개라도 싹을 틔울 수 있습니다.

씨앗은 뿌리지 않고 늘 아이만 탓하고 있는 건 아닌지, 지금이라도 엄마의 언어습관을 되돌아볼 필요가 있습니다.

제가 책에 소개할 문장들을 처음 들어보는 사람은 없을 것입니다. 배움의 길고 짧음을 떠나 모든 엄마들이 이미 바람직한 '엄마의 말'을 알고 있습니다. 그러나 집안일에, 직장 일에, 집안 대소사에 에너지가 늘 고갈되어 있기에, 아이의 작은 실수에도 비난과 폭언을 퍼붓게 됩니다. 저 또한 교실에서 에너지가 심하게 고갈되면 학생들에게 "그런 식으로 할래?", "그래서? 요점이 뭔데?"라는 식의 발언을 하기도 합니다. 아마 녹음해서 듣는다면 얼굴을 들 수 없을지도 모릅니다.

아이들에게 항상 집중하기 위해서는 다른 것을 포기해야 합니다. 저는 그래서 요즘 사람들이 많이 사용하는 스마트폰을 포기했습니다. 아무래도 스마트폰을 쓰게 되면 쉬는 시간에 아이들과 눈 마주치는 시간이 줄어들 것 같아서였죠. 또 정리 정돈하기 위해 너무 애쓰지 않기로 했습니다. 그렇다고 지저분해서는 안 되겠죠. 가끔 책이 제자리에 꽂혀 있지 않는 것으로 스트레스 받지 않고 아이들이 좀더 교실에서 자유롭게 지낼 수 있도록 했습니다. 아이들에게 좋은 말을 하기 위해서는 제 자신이 늘 에너지가 차 있어야 하기 때문이죠.

하지만 학교에서 선생님에게만 들어서는 그 효과가 지속되지 않습니다. 한껏 자신감이 부풀어 있는 아이가 집에 가서 비난하는 말을 듣거나 무시당하면 금세 자존감은 바닥으로 곤두박질치기 때문입니다. 이 책을 통해서 어머니들께서 아이들의 예쁜 귀에 힘이 나는 말을 많이 들려줄 수 있으면 좋겠다는 바람뿐입니다.

그리고 아이가 어른이 되어 "그때 내가 잘못했는데 엄마가 따뜻하게 위로해주고 격려해준 일이 아직까지 기억에 남아요. 그

때를 평생 잊지 못할 거예요"라고 말할 수 있기를 바랍니다.

아이를 사랑하는 엄마들이 순간적으로 참지 못해 머리로는 이해하면서도 입으로 비난을 쏟아내지 않기를 기원합니다. 이 책을 펼쳐든 엄마들은 이미 좋은 엄마들임을 알기에 오늘 하루도 힘내서 아이들을 칭찬하고, 격려할 수 있기를 응원합니다.

Thanks to

언제나 저를 믿고 지지해주시는 부모님 고맙습니다. 그리고 정빈 씨를 멋지게 키워주신 아버님, 어머님께도 항상 감사드립니다.

저에게 참 교사는 어떤 모습이어야 하는지 몸소 보여주시는 김재건 교장선생님, 차유미 교감선생님, 김명남 교감선생님, 늘 감사하며 존경합니다.

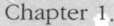

Chapter 1.

학교생활이 원만해지는
엄마의 한마디

부모란 아이들이 만나는 첫 번째 스승입니다.
그래서 '훌륭한 부모를 가진 아이는
이미 훌륭한 인생을 시작한 것이다'라는 말이 있습니다.

편식하는 아이에게

아이가 편식하고 반찬투정하는 것은
부모나 선생님에게 말을 걸기 위한 방법일지도 모릅니다.

몇 해 전 온실 속 화초처럼 자란 아이가 반에 있었습니다. 어머니도 상담 때 너무 받아주며 키워 걱정이긴 하지만 아이가 하나다보니 양육 방식을 바꾸는 게 쉽지 않다고 말할 정도였습니다. 하지만 수업에도 잘 참여하고, 특별히 눈에 띄는 점이 없어 크게 걱정하지 않았습니다.

그러던 어느 날 급식소에서 아이들이 소란스럽게 선생님을 찾았습니다. 그 아이가 운다길래 수저를 놓고 한달음에 달려가면서 몇 가지 생각이 머릿속을 스쳐 지나갔습니다. '급식 반찬으로 너비아니가 나왔는데 남학생들이 맛있다고 억지로 빼앗아 먹었나? 아니면 깔끔한 성격에 국이나 김치를 옷에 흘리고 속상해서

그러나?'

그런데 아이를 만나 이야기를 들어보니 제 예상은 모두 빗나간 것이었습니다. 눈물을 뚝뚝 흘리면서 우는 이유는 급식으로 나온 견과류가 든 떡이 너무 딱딱해 씹기 힘들어서였습니다. 그날 떡이 조금 딱딱하긴 했지만 울 만큼은 아니었습니다. 그래서 "○○야, 선생님도 떡을 먹어봤는데 너무 딱딱해서 턱이 아프긴 하더라. 그래도 우리 몸에 좋으라고 이것저것 넣어서 정성껏 만든 음식을 먹는 건데, 이렇게 슬프게 울 일은 아닌 것 같아"라고 달래주었습니다.

저는 평소 급식 지도를 하면서 무조건 식판에 있는 음식을 다 먹게 하지는 않습니다. 속이 안 좋거나 컨디션이 나빠 도저히 먹을 수 없을 때 억지로 먹이는 것은 오히려 건강을 해칠 수 있기 때문입니다. 또 가끔 먹기 싫어하는 반찬이나 국이 나올 때에는 수업 시간에 태도가 좋고 발표도 잘한 아이에게 가위바위보 찬스를 주어 제가 이기면 '남은 것의 반만 먹는 쿠폰', 아이가 이기면 '남길 수 있는 쿠폰'을 발행해주기도 합니다.

이런 룰을 알고 있는 아이들은 급식이 먹기 싫을 때 와서 가위바위보 찬스를 달라고 웃으며 조릅니다. "오늘은 수업 시간에 손들고 발표한 적 없잖아?"라고 거절하면 내일 잘할 테니 한 번만 기회를 달라고 이야기합니다. 하지만 그 아이는 제게 이런 제안을 하는 것보다 우는 게 더 편했나봅니다.

급식 지도는 이렇게 초등학교 저학년 담임을 때때로 곤란하게 만듭니다. 편식이 심해서 싫어하는 반찬을 억지로 먹게 하면 왜 강제로 먹여 스트레스를 주냐고 하고, 허용하며 지도하면 서운하다고 하는 부모님도 있습니다. 학교 측에서는 급식을 남기면 잔반 양이 너무 많아 처리하기 힘들다고 어려움을 토로합니다. 그래서 저는 발표 잘하고, 친구들 잘 배려해주고, 해야 할 일을 스스로 잘하는 아이들도 고맙지만 편식하지 않고 골고루 급식을 잘 먹는 아이도 고맙습니다.

2학년 담임을 할 때 제일 얄미운 학생이 매일 점심시간마다 마음에 안 드는 반찬이 나오면 "선생님, 토할 것 같아요"라고 말하는 아이였습니다. 4개월간 그 말을 참다가 어느 날 제 인내력에도 한계가 왔습니다.

"선생님도 그 말을 들으면 덩달아 속이 안 좋아지는 것 같아. 그 말 듣기 거북하니까 이제 그만해!" 그러자 그 다음날 아이는 "선생님이 이 말 싫어하시는 건 아는데요. 저 정말 토할 것 같아요"라고 말했습니다. 하지만 정말 토할 정도로 컨디션이 좋지 않으면 집에 가서 죽을 먹겠다고 하거나 화장실로 달려가지, 매일 급식소에 앉아 "토할 것 같아요"라고 말하지 않습니다. 이 아이는 편식하는 것만 빼면 장점이 많은 멋진 학생이었습니다. 그래서 더 편식하는 습관을 저학년일 때 꼭 바꿔주고 싶었습니다.

그 방법으로 아이가 "선생님, 토할 것 같아요"라고 하는 말을 막지 않았습니다. 그리고 "그래~ 우리 ○○이 오늘 반찬 중에 서는 어떤 게 제일 마음에 안 드니? 내일은 뭐가 나왔으면 좋겠니?"라고 말하며 싫어하는 음식에 대해 잘 들어주고 좋아하는 음식에 대해 궁금해하며 물어보았습니다. 그렇게 2주 정도 지나자 더 이상 토할 것 같다는 말을 하지 않았고, 편식도 조금씩 나아졌습니다.

영국의 심리학자이자 두뇌 음식 전문가로 유명한 패트릭 홀포드(Patrick Holford) 박사는 초등학생을 대상으로 실험했습니다. 영국 전체에서 학업 성적이 끝에서 열한 번째였던 친햄파크 초등학교에서 급식 메뉴를 바꾼 것입니다. 평소 급식으로 제공되던 햄버거, 감자튀김 등의 인스턴트 음식을 없애고, 현미, 신선한 과일, 채소 등의 제철 먹을거리를 준비했습니다. 조미료를 일체 사용하지 않았고, 모든 학생들에게 종합비타민도 먹였습니다. 7개월 후 이 학교 학생들의 수학 성적은 21퍼센트, 영어 성적은 15퍼센트, 과학 성적은 14퍼센트나 향상되었습니다. 또한 친구들과의 싸움 횟수도 줄어들고, 집중력도 향상되었습니다. 이렇듯 음식은 성장기 아이들의 두뇌 발달과 정서 발달에 지대한 영향을 미칩니다.

학교에서 편식하는 아이들을 많이 만났는데 교사로서 경험이 부족했을 때는 타고난 입맛의 문제라 고치기 어렵다는 고정관

넘을 가지고 있었습니다. 그래서 반찬투정하는 아이에게 따뜻한 말을 해주기보다는 '또 시작이구나'라고 생각하며 넘어갔습니다. 하지만 제가 조금씩 철이 들면서, 편식하고 반찬투정하는 아이가 교사인 나에게 언어가 아닌 다른 방법으로 말을 걸고 있는지도 모른다는 생각이 들었습니다. 그 후 아이들의 말을 귀담아 듣고 몸에 좋은 음식을 진심으로 권하자 아이들도 못 이기는 척 먹어보는 등 변화를 보였습니다.

아이의 편식을 지도할 때는 소리를 지르거나 싫어하는 음식을 억지로 먹이는 것보다 음식을 탐색하게 해주고, 왜 먹기 싫은지 이야기를 들어주는 것이 더 효과적입니다. 또 싫어하는 재료를 조리 방법을 달리해 주는 것도 한 가지 방법입니다. 똑같은 당근이라도 볶았을 때와 삶았을 때, 튀겼을 때의 닷이 각각 다르기 때문입니다. 음식에 대한 선입견 때문에 쉽게 놓기 내지 못하는 아이에게 새로운 맛을 볼 수 있는 기회를 천천히 다정하게 주시기 바랍니다. 그러면 도무지 바뀌지 않을 것만 같던 아이의 편식도 바뀌게 될 것입니다.

Mother's words

★ "잘 먹는 모습 정말 보기 좋다."
★ "네가 복스럽게 먹는 모습만 봐도 엄마는 피로가 풀려."

★ "오늘도 참 골고루 맛있게 먹네. 그 모습을 보니 엄마는 행복해. 무엇이든 골고루 먹으렴. 몸이 건강해야 마음도 생각도 건강해진단다."

시간개념 없는 아이에게

낭비한 시간에 대한 후회는 더 큰 시간 낭비이다. _메이슨 쿨리

이 원고를 쓰기 하루 전, 퇴근하고 요가 수업을 갔다가 동네 아주머니들께 이웃에 사는 한 아이가 일요일 아침 8시경에 16층에서 뛰어내렸다는 이야기를 들었습니다.

게임에 중독된 아이가 평일에 학교에 가지 않고, 주말에도 밤새워 게임만 하자 엄마가 그만 좀 하라고 잔소리를 했다고 합니다. 그 말에 순간적으로 화가 난 아이가 "그럼 내가 죽으면 되지?"라고 말하며 말릴 틈도 없이 16층에서 뛰어내려 생을 마감했다는 것입니다. 뉴스나 신문에서 이런 비슷한 소식을 접한 적은 있지만 제가 살고 있는 동네에서 실제로 벌어졌다고 하니 충격이 컸습니다.

몇 해 전 출근길에는 아이와 엄마가 길거리에서 큰 소리로 실랑이하는 모습을 목격한 적 있습니다. 아이는 '죽어도' 학교에 가지 않겠다고 하고, 엄마는 곧 죽어도 학교에 가야 한다는 상황이었습니다. 엄마의 표정이 너무 슬프고 안돼 보여 우리 반 학생은 아니지만 도와주고 싶었습니다. 하지만 제가 끼어들 틈이 없었습니다. 아이는 말이 통하지 않자 인도 위에 드러눕다시피 했습니다. 이러지도 저러지도 못한 채 서서 그 광경을 지켜보다가 지각할 것 같아 학교로 들어왔습니다.

　나중에 아이의 담임 선생님께 여쭤보니 억지로 학교에 왔지만 수업을 제대로 진행할 수 없을 만큼 울어 아이는 결국 조퇴했다고 합니다. 어떻게 그럴 수 있지 하고 생각하시겠지만 사실 이런 학생이 매년 한 학교에 한 명 정도는 있습니다.

　아이들을 가르치면서 저는 다른 것에는 꽤 관대한 편입니다. 하지만 시간 약속에는 강박증이 있어 아이들이 지각하는 것에 대해 엄격했습니다. 그러다 조금씩 나이가 들고 격렬하게 등교를 거부하는 학생들도 만나면서 조금 늦더라도 학교에 성실하게 오는 아이들이 진심으로 고마웠습니다. 1학년 때 지각하던 아이들은 2학년이나, 3학년이 되어도 지각할 확률이 높습니다. 또 몇 년간 왜 지각하느냐는 잔소리를 수없이 들어 비슷한 류의 말에는 자극받지 않습니다.

　이때 지각하는 습관을 고치겠다고 사납게 으름장을 놓는 것보다는 지각할 수밖에 없던 상황을 공감해주고 "우리 ○○이가 지각하는 거 빼고는 얼굴도 잘생기고 운동도 잘하고 참 좋은데 말이야. 지각만 안 하면 완벽한 훈남이다!"라고 부드럽게 대하는 게 더 효과적이라는 사실을 5년이 지나서야 겨우 알게 되었습니다.

그러니 "학교도 안 가려는 자식은 필요 없다. 그게 밥 먹는 식충이지 어디 사람이니?", "대한민국 아이들 중에 학교 안 다니는 애들이 어디 있니? 생색낼 걸 내라!" 이런 표독스러운 말은 엄마와 아이 서로에게 득이 될 게 없습니다.

또한 지각한 아이들에게 늦은 이유를 물어보면 엄마가 아파서 늦잠을 주무셨다거나, 전날 제사라서 멀리 할머니 댁에 다녀온 경우도 있었습니다. 아이에게 시간 개념이 부족하다고 닦달하기는 힘든 상황이지요. 몸이 아파서 늦는 아이들에게는 따로 잔소리를 하지 않고 건강하게 잘 왔으니 됐다그 말해줍니다. 몸이 많이 아픈데도 개근상을 목표로 학교에 오는 성실함을 높이 평가해주었습니다.

물론 이삼일 연속으로 지각할 경우 시간을 지켜달라고 말하기도 합니다. 하지만 3일 연속 늦는 학생을 만난 적은 거의 없습니다. 하루는 출근길에 우리 반 아이가 우산을 들고 지각하지 않겠다고 뛰는 모습을 보게 되었습니다. 1학년 아이가 생에 첫 사회생활을 하면서 늦지 않겠다고 뛰는 모습이 정말 예뻐 보였습니다. 그날 교실에 가서 일단 그 친구에게 박수 한 번 쳐달라고 부탁했습니다. 의아해하는 아이들에게 출근길에 차 안에서 본 그 장면을 생생하게 설명해주었습니다. 등교시간을 지키기 위해 뛰는 친구의 모습이 정말 보기 좋아서 선생님은 아침부터 의욕이 솟는다고 말했습니다.

사람은 너무 직접적인 공격을 받으면 본능적으로 자기를 방어하게 된다고 합니다. "너는 누구 닮아 시간 개념이 없니?"라거나 "너는 도대체 왜 그렇게 행동하니?"라는 말보다 스스로 시간을 귀하게 여길 줄 알도록 이야기를 들려주는 것이 훨씬 효율적입니다.

"얘들아, 만약 매일 밤 12시 정각에 우리 통장으로 100년간 8만 6,400원이 입금된다면 넌 그 돈을 어떻게 쓰겠니? 단, 당일에 입금된 돈은 매일 저녁 11시 59분에 쓰지 못하고 남은 돈은 없어져 버린대. 그럼 그 돈을 어떻게 써야 좋을까?"

우리는 살아있는 동안 매일 8만 6,400초를 선물받습니다. 하지만 어른이 되어도 시간을 잘 지키는 것은 어렵죠. 시간개념을 바로 잡아주는 것은 매우 중요합니다.

유대인들은 아이들에게 어릴 때부터 경제 교육을 잘 시키는 것으로 유명합니다. 그런 유대인들도 경제 교육보다 시간 관리법을 먼저 가르친다고 합니다. 시간을 돈처럼 혹은 돈보다 소중하게 여길 줄 아는 어른으로 자라게 하는 것도 부모가 해야 할 일입니다. 그리고 그것은 초등학교 등하교 시간을 잘 지키게 하는 것으로도 가능합니다.

Mother's words

★ "학교 가는 걸 정말 싫어하는 아이들도 있다는데 우리 아들은 지각은 해도 가기 싫다는 이야기는 안 하네. 건강하고 성실하게 다녀줘서 엄마는 그것도 참 고마워."

★ "우리 딸 성실함은 아빠 닮았나보다. 아빠 닮아서 규칙적으로 생활하고 학교에 성실하게 다녀줘서 고마워."

★ "듬직한 우리 아들, 기특하다! 어제보다 10분이나 일찍 일어났네?"

기본 예의를 모르는 아이에게

우선 겸손을 배우려 하지 않는 자는 아무것도 배우지 못한다.
_O.메러디드

다음 내용은 〈한국일보〉 문화부 기자가 기사를 쓰는 데 필요하다고 한 10가지 질문에 답한 내용입니다. 기자는 여자분이었고, 자녀가 입학을 앞둔 터라 실제로 엄마들이 궁금해할 만한 질문들이었습니다.

첫 번째 질문, "입학 전 반드시 준비 또는 연습하고 가야 하는 걸 세 가지만 순위대로 뽑아주신다면?"

첫째, 인사 잘하는 법. 둘째, 친구들과의 의견 충돌을 잘 조율하는 법, 셋째, 생리현상을 혼자서도 잘 처리하는 방법입니다.

마지막 열 번째 질문, "엄마들에게도 아이의 초등학교 입학은

떨리는 사건입니다. 진상 학부모가 되지 않으려면 어떻게 행동하는 게 좋을까요?"

교사도 사람인지라 일반적으로 사람을 대할 때 필요한 예를 갖추면 됩니다. 상담 시간에 갈 때는 약속 시간 잘 지키기, 너무 늦은 시간에 전화하지 않기, '우리 아이는 절대 그럴 아이가 아니다'라는 고정관념 버리기 등입니다.

매년 4월이 되면 초등학교에 〈소년한국일보〉 같은 신문사에서 그림용지가 옵니다. 신문사에서 개최하는 전국미술대회에 참가할 학생들에게 나누어주기 위한 종이입니다. 참가할 학생은 3,000원에 용지를 구입하면 됩니다.

내용을 공지하고 얼마 뒤 맞벌이 부모님 대신 항상 할아버지와 집으로 돌아가는 한 여학생이 다가왔습니다. 미술대회에 참가하겠다고 말하며 제 책상 위에 1만 원짜리 지폐를 던졌습니다. 처음에는 어리둥절하기도 하고, 화도 났지만 평생 교직에 몸담고 계셨던 아버지가 조카들을 어떻게 대하시는지를 본 터라 참을 수 있었습니다. 저는 그 돈을 주워 다시 아이에게 건네면서 예쁘게 달라고 부탁했습니다. 그러자 아이는 웃으며 공손하게 돈을 건네주었고, 저 또한 두 손으로 잔돈 7,000원을 주었습니다.

이렇게 또 아이는 한 가지를 배웠겠지요. 지금보다 마음 씀씀이가 더 좁고 인성의 그릇이 작았을 때는 출근해 교실에 들어서면서 '누가 인사를 제일 예쁘게 하나 보자' 하는 감시자 같은 마음이 들었습니다. 하지만 요즘에는 문을 열기 전부터 들려오는 아이들의 밝고 씩씩함에 감사함을 느낍니다.

그리고 문을 열면서 제가 낼 수 있는 목소리 중에서 가장 해맑은 소리로 "안녕~ 얘들아! 굿모닝 에브리원!"이라고 크게 인사를 건넵니다. 그럼 아이들은 더 밝고 해맑게 제 인사를 받아줍니다. 출근한 뒤에 등교하는 아이들 중에는 아무 말 없이 자리에 앉는 아이도, 가볍게 목례만 하고 자리에 앉는 아이도, 제 자리까지 와서 허리 숙여 인사하고 가는 아이도 있습니다. 목례만 해도, 문 앞에서 크게 소리 내어 인사해도 좋습니다. 굳이 90도 인사를 하지 않아도 무언가 건넨다는 것만으로도 고마운 마음이 듭니다.

인사를 전혀 안 하거나 못하는 학생을 가르치는 것도 제 몫입니다. 솔직히 말해 인사를 잘 하지 않는 조카가 생기기 전에는 '쟤는 아무리 소심하고 부끄러움이 많아도 그렇지 어떻게 인사를 안 하지'라고 생각하며 못마땅해했습니다. 하지만 지금은 압니다. 인사를 받았을 때의 즐거운 마음을 교사가 먼저 느끼게 해주었을 때 아이도 인사를 잘하게 된다는 걸 말입니다.

교사들 사이에서도 인사 잘하는 사람이 더 인기 있습니다. 1, 2학년을 담임하면 학업 수준 차이는 사실 크지 않습니다. 알면 얼마나 더 알고, 시험 문제를 맞히면 얼마나 더 맞힐까요? 오히려 인사 잘하고 얼마나 예의 바른지가 관건입니다. 고학년이라고 예외는 아닙니다. 인성의 바탕은 인사이고, 가정교육의 기본도 인사이기 때문입니다.

공부는 조금 못하고, 운동신경 무디고 자신감이 부족해 발표를 제대로 못해도 다 괜찮습니다. 공부를 못하니까 학교에 오는 것이고 운동을 시키기 위해 체육교과가 있습니다. 자신감을 키워주기 위해 교사가 존재합니다. 하지만 사람에 대한 기본적인 예의가 없고, 인사할 줄 모르는 학생을 변화시키는 것은 참으로 어렵습니다. 인성 교육은 하루아침에 이루어지지 않기 때문입니다. 그래서 세월이 지나고 시대가 변할수록 '가정교육'의 중요성이 더 강조되는 것인지도 모릅니다.

부모님의 경제력이 바탕이 되어 집안이 풍요롭다고 해서 인성 교육이 잘 이루어지는 것은 아닙니다. 경제력과는 상관없이 부모님의 교육철학과 노력에 따라 얼마든지 가정에서도 할 수 있습니다. 하지만 인사를 잘하고, 어른들에게 존댓말을 사용하는 것이 강압적으로 이루어져서는 안 됩니다.

얼마 전 백화점 승강기 앞 소파에서 목격한 일입니다. 아이 엄마가 자녀에게 꼬박꼬박 존댓말을 사용해 눈길을 끌었습니다. 그런데 계속 듣다보니 조금 이상했습니다. 엄마의 태도가 마치 옛날 옛적 기숙사 사감처럼 어투가 강압적이고, 의사소통은 일방적이었습니다.

"그런 식으로 행동하면 안 된다고 하지 않았습니까?"

"혼나고 싶은 모양입니다."

얼마나 엄한지 옆에서 듣고 있는 저까지 바짝 군기가 들 정도 였습니다. 존칭을 쓴다고 상대에 대한 존경심이 생기는 것은 아 닙니다. 자녀에게 굳이 존댓말을 사용하지 않더라도 그 속에 서 로를 존중하는 마음이 있으면 됩니다. 그리고 그 존중은 사랑에 서 나옵니다. 아이들은 자기가 부모에게 존중받고 있는지 아닌 지, 말투를 통해 모두 알아챌 수 있습니다.

"목에 깁스했냐? 넌 왜 인사성이 없니?"

"인사야 개나 소나 다 하는 거지. 그것도 칭찬해줘야 하니?"

"학교 선생님 월급은 다 엄마가 낸 세금으로 주는 거야. 너 학교에 가서 당당 하게 행동해!"

"성격 좋고 예의 바르면 뭘 해. 성적이 개판인데."

성적과 상관없이, 아이가 학교 복도에서 만나는 모든 선생님 들께 인사 잘하고, 승강기에서 만나는 이웃 어른들께 인사를 잘 하는 것만으로도 가정교육은 성공이란 생각이 듭니다.

Mother's words

★ "엄마는 인사성 좋은 것 하나만으로도 네가 우리 아들인 게 자랑스러

워. 네가 예의 바른 모습을 보일 때마다 늘 고맙게 생각한단다."

★ "선생님들은 우리에게 소중한 지식과 지혜를 선물해주신단다. 그래서 늘 감사한 마음을 가져야 해."

★ "네가 참 예의 바르다고 선생님이 칭찬하시더라 엄마도 선생님 말씀 듣고 뿌듯했어."

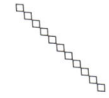

친구와 어울리지 못하는 아이에게

공부 잘하는 친구와 그렇지 못한 친구, 잘사는 친구와
그렇지 않은 친구. 이런 사고가 바로 '따돌림'의 근원입니다.

학부모 상담을 하러 온 어머니들이 가장 많이 질문하시는 것은 두 가지입니다. 하나는 아이가 수업 시간에 집중을 잘하는지, 또 하나는 아이가 친구들과 사이좋게 지내는지입니다. 특히 두 번째 질문에 대해서는 굉장히 자세하게 질문하십니다. 요즘 초등학교에서도 집단 따돌림이 있다고 해 걱정하시기 때문입니다. 그만큼 부모님들에게 학업과 교우 관계는 가장 신경 쓰이는 부분입니다.

저 또한 학급 경영에 있어서 기초 학습과 함께 원만한 교우관계에 신경을 많이 쓰는 편입니다. 하지만 사람 사이의 친밀도나 사랑은 측정되거나 눈에 보이지 않습니다. 그래서 제3자나 어른들이 해결해주고 도와주는 것에 한계가 따르기 마련입니다. 그렇다고 해서 손 놓고 있기에는 그 정도가 심각할 때가 많습니다.

학교에서 집단 따돌림을 당한 초등학생 딸이 정신적 충격을 받은 끝에 정신병원에 입원하자 이를 비관한 아버지가 스스로 목숨을 끊었다. 13일 오전 9시께 모 아파트에서 A(38)씨가 다용도실 가스배관에 목을 매 숨져 있는 것을 A씨 부인이 발견, 경찰에 신고했다. 경찰 조사 결과 숨진 A씨는 자신의 초등학생 딸이 평소 학교생활에 적응하지 못하고 친구들에게 집단 따돌림을 당하는 등 정신적인 피해를 입자 딸을 정신병원에 입원시켰고, 이 사실로 인해 심한 자괴감에 빠져 있었던 것으로 밝혀졌다.

유가족에 따르면 A씨는 평소 "내가 더 잘 보살피고 관심을 가졌어야 하는데 모두 내 탓이다. 차라리 셋이서 함께 죽자"라고 말하는 등 딸이 잘못된 것을 모두 자신의 책임으로 돌리며 괴로워했다는 것이다. 또 A씨는 사건 발생 전 자신의 휴대전화에 저장한 문자메시지를 통해 '남은 둘은 잘 살아주길 바란다. 먼저 가서 미안하다'는 말을 남겼다.

〈국제신문(2006. 10. 13)〉 기사 중에서

2006년 부산에서 벌어진 가슴 아픈 사건입니다. 단순 따돌림 사건으로 그친 것이 아니라 따돌림으로 정신적 충격을 받은 딸을 정신병원에 보내고 자괴감에 빠진 아빠가 극단적 선택을 한 일입니다. 얼마나 괴로웠으면 그랬을까 싶어 안타깝기도 했고, 자신의 문제로 아버지가 죽는 아픔까지 겪은 딸이 앞으로 어떻게 살아갈지 아이가 걱정되기도 했습니다.

학교 현장에서 보면, 따돌림을 주도하는 아이들이 교사들에게 인사도 제대로 하지 않고 불손하며 공부도 못하고 집안 환경도 불우할 것이란 생각은 잘못된 고정관념입니다. 오히려 학업 성적이 우수하고 교사들 앞에서는 굉장히 예의 바르며, 가정도 유복한 경우가 많습니다. 그런 경우 부모님은 자신의 아이가 따돌림 당하면 당했지 그 중심에서 주동했다는 사실을 받아들이기 힘들다는 반응을 보입니다. 그러면 문제 해결은 어려워집니다. 분명 피해 입은 아이는 있는데 가해자는 없는 셈이니 말입니다.

또 같은 따돌림 사건이 발생하더라도 초등학교 저학년의 경우 아직 어리고 순수해서 담임이 관심을 가지고, 지속적으로 지도하면 금세 서로 잘 지내기도 합니다. 하지만 고학년의 경우 담임 선생님이 알고 발 벗고 나서면 오히려 문제가 악화되는 경우도 있습니다. 따돌림 문제는 교사들에게도 가장 해결하기 어렵고 힘든 문제인 것이 사실입니다.

"그 집 아빠 뭐 하시니? 공부 못하고 불량스러운 친구들 근처도 가지 말고, 공부 잘하고 모범생인 친구들만 골라 사귀어야 해!"

이런 말을 듣고 자란 아이들은 학교에 가서도 친구를 이분법적인 시각으로 바라보게 됩니다. 공부 잘하는 친구와 그렇지 못한 친구, 잘사는 친구와 그렇지 않은 친구. 이런 사고가 바로 '따돌림'의 근원이 아닐까 싶습니다. 이런 말을 듣고 자란 아이는 왕따의 가해자가 될 수도 있지만 피해자가 될 스도 있습니다.

다른 사람을 배려하고 좋은 친구가 되어주라는 말은 말만으로 학습되지 않는 인성 교육입니다. 부모님이 먼저 배려 깊은 모습을 보여줘야만 아이가 뒤따라옵니다.

2016년 1월 29일 아침 인터넷 뉴스를 보니 중국집 배달원이 담배 심부름을 시키는 고객에게 마음이 상한 채 빈 그릇을 수거하러 갔는데 깨끗하게 씻어놓은 빈 그릇에 쪽지와 함께 음료수 캔이 있어 세상은 아직 살 만한 곳이라는 것을 느꼈다는 훈훈한 기사가 있었습니다.

이 기사를 읽은 사람들 중에서 일본에서 몇 년 살아본 경험이 있는 두 분이 댓글을 달아놓았습니다. 일본은 원래 배달된 음식 그릇을 깨끗하게 씻어서 내놓는데, 우리도 좋은 점은 배우자는 내용이었습니다. 이 글을 읽고 이렇게 서비스직에 종사하는 분들을 배려하는 모습을 가진 부모가 키운 아이들이라면 결코 학교에 가서도 다른 학생들을 괴롭히는 일은 하지 않을 것 같다는 생각이 들었습니다.

부모란 아이들이 만나는 첫 번째 스승입니다. 그래서 훌륭한 부모를 만난 아이는 이미 훌륭한 인생을 시작한 것이란 말이 있습니다. 부모가 먼저 남을 배려하고 좋은 친구가 되는 모습을 보여주면 아이들도 그러한 삶을 꾸려나갈 것이라고 믿습니다.

Mother's words

★ "좋은 친구를 사귀고 싶으면, 너부터 좋은 친구가 되어야 해."

★ "친구들이 너에게 해줬으면 하는 것을 먼저 해줘. 그러면 친구들도 너를 굉장히 소중하게 생각해줄 거야."

★ "어디를 가든 너부터 좋은 사람, 좋은 친구가 되어야 해."

형제애가 없는 아이에게

아이에게 동생이 생기면 경쟁심을 조장하기보다는
서로 돕고 배려할 때 함께 성장할 수 있다는 것을 알려주어야 합니다.

제가 세 번째로 근무하던 학교에서 사용하던 학생 환경 기초
조사표 양식에는 같은 학교에 다니는 형제자매에 대해 쓰는 칸
만 있고 유치원, 어린이집에 다니는 형제에 대해서는 쓰는 칸이
없었습니다. 그런데 유독 친구를 잘 챙기고 배려해 듬직하게 느
껴지는 남학생이 있었습니다. 나중에 우연히 알게 되었는데 그
학생은 남동생이 두 명이나 있는 맏이였습니다.

남동생이 두 명이나 있다는 사실을 알게 된 날, "어쩐지 ○○
이가 듬직하고 맡은 일도 잘하고 친구들을 잘 챙기더라. 선생님
이 항상 고마워. 그런데 집에서 양보해야 할 일이 무척 많겠구
나"라고 말했습니다. 그러자 아이가 차분한 목소리로 "TV프로

그램 선택권이 저한테는 전혀 없어요. 항상 동생들이 보고 싶은 걸 봐야 해요. 안 그러면 동생들이 울어서 집안의 평화가 사라져요"라고 답했습니다. 외동이었다면 이 아이도 한참 어리광을 부리며 부모의 사랑과 관심을 독차지했을 텐데. 어린 나이에도 동생들에게 양보하는 삶을 당연하게 받아들인 그 아이가 참으로 대견했습니다.

저에게는 언니가 한 명 있습니다. 어릴 때 맞벌이하시던 부모님 대신 언니가 밥을 차려주던 장면이 영화처럼 아직도 기억에 남아있습니다. 또 가끔 집에 놀러온 친척 어른이 용돈을 주시면 "나는 과자 안 먹어"라며 돈을 쓰지 않고 숨겨놓고, 언니가 산 과자를 나눠주지 않으면 울면서 떼를 쓰던 모습도 기억납니다. 그 후에도 동생인 저와 지낸 오랜 시간이 언니에게는 인내심 단련의 시간이었을 것이란 생각이 듭니다. 아이러니한 것은 그렇게 자란 언니가 아들 둘을 낳아 키우는데, 지금 열 살인 첫째 조카는 엄마가 동생과 자신에게 다른 잣대로 혼을 낸다며 눈물로 호소합니다. 저 또한 언니가 왜 그렇게 불공평하게 형제를 대하냐고 질타할 때도 있었습니다.

이렇듯 세상의 모든 형제들은 자라면서 억울한 상황을 많이 맞닥뜨리게 되고, 동생은 동생대로 형은 형대로 참고 봐주는 세월을 보내게 됩니다. 이럴 때 엄마라도 아이의 억울한 심정을 알아주면 좋을 텐데, 대부분의 부모는 아이들의 서로에 대한 희생을 당연하게 받아들입니다.

"형은 거저 되는 건 줄 아니? 원래 첫째들은 억울해도 양보하는 거야."
"동생 주제에 어디서 건방지게 형한테 주먹을 날리니? 이 위아래도 모르는
버르장머리 없는 놈아!"

"형이 되서……"로 시작하는 말을 이미 많이 했을지도 모릅니다. 마찬가지로 "동생이 되서……"로 시작하는 말도 옳지 못합니다. 불합리한 상황인데 내가 나이가 더 많기 때문에, 적기 때문에 무조건 물러서야 한다는 것은 설득력이 없습니다. 부모님부터 합리적으로 사고하고, 이치에 맞게 말해야 아이들도 본받습니다. "형이라서, 동생이라서 양보하라는 것이 아니야. 지금은 네가 양보하는 것이 합리적이야." "형, 동생을 떠나서 사람은 누구나 다른 사람에게 폭력을 행사해서는 안 돼." 이처럼 아이들도 듣고 충분히 납득할 수 있는 말로 대화를 이끌어 나가는 게 좋습니다.

하버드대학에서 의대생들을 대상으로 한 가지 실험을 했다고 합니다. 학생들을 봉사활동에 참여시킨 후 체내 면역기능을 측정했더니 크게 증가되었다는 것입니다. 또한 마더 테레사의 전기를 읽게 한 후에도 면역기능이 크게 향상되었다고 합니다. 이처럼 봉사활동을 하거나 그런 모습을 보기만 해도 면역기능이 높아지는 현상을 '마더 테레사 효과'라고 이름 붙였다고 합니다.

그러니 동생 또는 언니나 형을 잘 챙기는 아이에게 이런 이야기를 들려주면서 "그래서 우리 ○○이는 몸도 건강하고 마음은 더 건강한가 보다" 하고 칭찬하면 그 아이의 배려하는 마음은 더 커질 것입니다.

페이스북을 창업하면서 20대에 전 세계적인 부자로 등극한 마크 주커버그가 있습니다. 그는 2015년 딸을 출산하면서 페이스북 지분의 99퍼센트를 기부하겠다고 선언해 진정한 노블레스 오블리주(noblesse oblige) 정신을 보여주기도 했습니다. 그에게는 랜디 주커버그라는 누나가 있습니다. 그녀는 사회생활이 서툰 동생이 기술 개발에 전념하는 동안 유명 광고회사에 근무한 경험을 살려 마케팅과 영업, 홍보 등을 도맡았습니다. 페이스북의 성공을 일군 일등 공신이지요. 이렇듯 성공한 사람들 중에는 형제가 서로 도우며 잘된 경우가 많습니다. 좋은 친구를 만나는 것도 중요하지만 형제자매끼리 서로 협력하면 더 멀리 더 오래 갈 수 있음을 알려주는 것도 좋은 가정교육의 예입니다.

부유하면서 행복도가 높은 선진국의 특징은 과도한 경쟁이 아닌 협동을 통한 선순환을 선택한 나라라고 합니다. 가정에서도 마찬가지입니다. 형제들 간의 경쟁심을 조장하기보다는 서로 돕고 배려하고 협동할 때 함께 성장할 수 있다는 것을 인지시켜줄 수 있길 바랍니다.

동생에게 양보하고 형, 언니 역할을 하느라 지친 첫째 자녀에게 이런 따뜻한 말 한마디 해줄 수 있다면 그것만으로도 아이들은 더 힘이 날 것입니다.

> "동생에게 멋진 형이 되어줘서 정말 고마워. 네 도움이 없으면 엄마는 정말 힘들 거야"

그리고 가족 모두가 함께하는 시간도 소중하지만 때로는 둘씩 짝을 지어 여가생활을 보내보는 것은 어떨까요? 아빠와 딸의 데이트, 엄마와 아들의 데이트처럼 말입니다. 특히 남자아이는 형이나 남동생과 함께하는 시간보다 엄마와 단둘이 있는 시간을 원한다고 합니다. 다른 형제와 함께 있을 때에는 자신이 온전하게 사랑받고 있다는 사실을 느끼지 못하기 때문입니다. 때로는 둘만의 데이트를 즐기며 평소에 형제에게 잘해주었던 점을 떠올리며 고마움을 표현해보세요. 그 아이는 평소보다 더 멋진 모습으로 엄마의 사랑에 보답할 것입니다.

Mother's words

★ "동생 덕분에 너는 미리 사회성과 배려하는 마음을 길러서 학교에 가면 엄청 인기 있을 거야. 불편한 점도 있지만 동생이 있어서 좋은 점이 더 많네."

★ "아무리 많이 배우고 똑똑해도 다른 사람을 돕고 배려할 줄 모른다면
훌륭한 사람이라고 할 수 없단다."

Chapter 2.

성적 올리는
엄마의 한마디

우리 아이가 다른 아이들보다 특별 대우를 받기 원한다면
엄마부터 달라져야 합니다.
좋은 엄마가 되어 좋은 선생님은 벤치마킹하고
나쁜 선생님의 유혹은 이겨내시기 바랍니다.

필기를 잘 못하는 아이에게

필기는 정확한 사람을 만든다. _F. 베이컨

얼마 전 인터넷에 사교육에 관한 기사가 올라왔습니다. 서울대 신입생 중 사교육을 받은 경험은 10명 중 9명으로 상당히 높았지만 학업 성취에 가장 큰 영향을 준 요인은 '자기 주도적 학습'이라고 말한 학생이 압도적으로 많다는 내용이었습니다. 결국 설문조사의 결과는 아무리 사교육을 받더라도 스스로 공부하는 습관이 없다면 무용지물이 된다는 의미이죠. 그리고 자기 주도적 학습의 시작이자, 기초 공사는 바로 '필기'입니다.

'적자생존'이라는 말이 있습니다. 사전적 의미는 영국의 철학자 허버트 스펜서(Herbert Spencer)가 제창한 것으로 환경에 적응하는 생물만이 살아남고, 그렇지 못한 것은 도태되어 멸망하는 현상을 말합니다. 저는 이 말을 '적는 자만이 살아 남는다'라고 풀이하고 강조하고 싶습니다. 학생뿐만 아니라 직장인이나 사업가들도 메모하고 적는 습관은 필수이기 때문입니다. 아무리 번뜩이는 아이디어가 떠오르더라도 바로 기록하지 않으면 다시 생각해내기 어려운 경우가 있습니다. 그래서인지 안철수연구소의 안철수 대표를 포함해 성공한 사람들 중에는 철저한 메모광이 많았습니다. 에디슨은 무려 3,200여 권이나 되는 메모 노트를 통해 발명왕이 될 수 있었다고 합니다.

일본의 한 전직 스튜어디스가 16년의 경험을 바탕으로 쓴 《퍼스트클래스 승객은 펜을 빌리지 않는다》라는 책이 있습니다. 저자는 성공한 사람들의 밀도가 가장 높은 곳이 국제선 퍼스트클래스라고 말합니다. 그녀는 일반 항공료 5배 이상의 요금을 지불하는 퍼스트클래스에서 만난 이들, 즉 기업의 CEO를 비롯해 각 분야에서 성공한 사람들의 공통된 습관으로 '메모'를 꼽았습니다. 그리고 책 제목 그대로 '놀랍게도 퍼스트클래스에서 근무할 때는 펜을 빌려달라는 부탁을 받은 적이 단 한 번도 없다'라고 말합니다.

학습에도 마찬가지입니다. 필기를 하다 보면 선생님이 강조하는 것과 그렇지 않은 내용을 구분하는 힘이 길러집니다. 또 다른 사람의 필기 노트를 빌려 보는 것은 그 내용을 자기 것으로 만드는 데 한계가 있습니다. 아무리 열심히 옮겨 적는다고 해도 노트의 주인이 아닌 이상 그 내용이 머릿속에 구조화되지 않기 때문입니다. 노트 필기는 자기 스스로 정리할 때 가장 효과가 큽니다.

이렇게 중요한 '필기'를 자녀 스스로 잘하고 있다면 크게 감사해야 할 일입니다. 실제 교실에서는 가장 기본적인 필기를 제대로 못하는 학생들이 너무나 많습니다. 소위 교육열이 높다는 강남과 목동에서는 '선생님의 숨소리까지 필기하라'는 말이 있을 정도입니다. 자녀의 글씨가 예쁘고 자신만의 필기 노하우를 가지고 있다면 당연하게 생각하지 말고 칭찬을 듬뿍 해주는 것은 어떨까요?

반면 자녀가 기록하고 필기하는 습관을 기르지 못했다면 교사나 부모님이 자상하고 자세하게 지도해주어야 합니다. 체계적인 필기도 연습의 결과물이기 때문입니다.

자녀에게 고쳐주고 싶은 습관이나 길러주고 싶은 습관이 있다면 잔소리 대신 '100일 프로젝트'를 권해드리고 싶습니다. 매년 새로운 학생들을 만나면 25명의 20퍼센트인 5명 정도는 흔히 말하는 악필입니다. 보통 남학생이 많은데, 심각한 경우 글씨가 불분명해 시험에서 오답 처리를 할 때도 있습니다. 국어 시험지에서 받침이 니은인지 리을인지 구분이 안 되고, 숫자가 2인지 3인지 명확하지 않아 틀린 것으로 간주되는 것입니다.

또 자신이 쓴 글씨인데도 읽을 수 없어 발표를 못하겠다는 아이도 있습니다. 그럴 때면 학생보다 교사인 지가 더 당혹스럽습니다. 지금보다 경력이 적을 때는 그런 아이들에게 일기장 검사 등 기회가 생길 때마다 "글씨를 또박또박 예쁘게 써야지!"라고 목이 아프게 강조했습니다. 하지만 효과는 거의 없었습니다. 그러다가 습관에 관한 책을 통해 하나의 습관을 바꾸는 데 최소 21일, 3주가 걸린다는 사실을 알게 되었습니다. 또 다른 통계에는 한 번 들인 습관은 3,000번의 의식적인 노력으로 바꿀 수 있다고도 합니다.

그래서 저는 학생들에게 나쁜 습관을 고칠 수 있는 시간으로 3주의 약 5배 되는 100일 프로젝트를 시작했습니다. 아이와 함께 100일 뒤를 계산해서 달력에 표시하고, 그동안 멋지게 글씨를 쓸 수 있을 거라고 격려하고 또 격려합니다. 실제로 이 방법으로 여러 명의 학생들을 악필에서 벗어나게 해주었습니다. 혹시 자녀가 악필이라면 가정에서도 100일 프로젝트를 꼭 시도해보시기 바랍니다.

Mother's words

★ "기본을 잘하는 사람이 위대한 일도 잘하는 법이지. 필기하는 것 보니 대단한 일도 해내겠구나. 우리 공주 마음이 예쁘니까 글씨도 반듯해서 좋다."

★ "필기도 처음부터 잘하는 사람은 없어. 많이 하다 보면 노하우가 쌓인단다. 엄마와 함께 꾸준히 연습하면 필기의 달인이 될 수 있어."

시험 때마다 실수로 틀리는 아이에게

세상에 가장 나쁜 교사와 가장 나쁜 엄마는 아이의 실수를 비난하여
도전조차 두렵게 만드는 것입니다.

요즘 초등학교에서는 점점 중간·기말 평가가 없어지고 수시
로 서술형 평가를 실시하는 추세입니다. 그럼에도 불구하고 진단
평가를 포함해 1년에 공식적인 평가를 5번 정도 치릅니다. 1학년
은 학교마다 다르지만 1학기 기말고사부터 시험을 보는 곳도 있
고, 2학기 중간 평가부터 치르는 곳도 있습니다.

저는 학생들에게 진단·중간·기말 평가를 보기 전에 매번 반
복해서 "너희들이 모르는 것은 틀려도 괜찮아. 근데 선생님과 엄
마들이 제일 속상한 건 아는 문제를 '실수'로 틀리는 경우야. 그
런 일은 없었으면 좋겠어!"라고 말합니다. 이 글을 다섯 번쯤 해
도 시험을 다 보고 나면 실수로 틀린 것이 있다는 학생이 언제나

항상, 늘, 꼭 있습니다.

　부모님들과 상담할 때도 보면, 자녀가 아는 문제를 실수로 틀리는 것을 가장 속상해합니다. 하지만 조금 더 생각해보면 실수는 실력이기도 합니다. 실수로 틀렸다는 것은 일시적으로 이해했으나 정확하게 알고 있지 못하다는 뜻이기도 하니까요. 자신이 무엇을 알고 무엇을 모르는지에 대한 인식이 없는 단계일 수도 있습니다. 조금 어렵게 이야기하면 '메타인지'가 부정확한 학생들일 경우가 많습니다. 공부를 잘하는 아이를 조사해 보니 IQ가 높은 것이 아니라 자신이 무엇을 정확하게 알고, 모르는지에 대한 메타인지가 높다는 연구 결과도 있습니다.

　저 또한 교육대학 재학 시절 지구과학 시험 준비를 하고 있을 때 비슷한 일을 겪었습니다. 천체와 천구에 관한 부분을 공부하면서 지구의 자전과 공전에 대해 스스로 다 이해했다고 생각했습니다. 하지만 옆에 친구가 설명해달라는 순간 머리가 멍해지면서 "그러니까 말이야" 이후 한 문장도 설명할 수 없었습니다. 온전하게 이해하지 못하면서 안다고 착각하고 있던 것입니다. 이렇게 제대로 알지 못해 틀리는 것도 있지만, 머릿속으로는 3번이라고 생각하면서 손으로는 2번을 쓰는 실수 또한 누구나 한 번 경험해본 일이 있을 것입니다.

　자녀의 성적을 상승곡선으로 변화시키는 데에는, 아는 것도 틀리고 왔냐는 식의 비난은 전혀 도움되지 않습니다. 바보같이 아는 문제도 틀리냐고 타박하기 전에 진정으로 알고 있었는지, 대략적으로 이해한 것을 완전하게 알고 있다고 착각한 것인지 함께 알아보는 시간을 가져보는 것이 좋습니다. 자녀들이 자신의 메타인지를 인지할 수 있도록 이끌어주고 훈련시켜줘야 합니다. 그래야 실수인 듯 실수 아닌 오답을 피할 수 있습니다.

저는 학급에서 시험 공부가 다 끝나서 더 준비할 게 없다는 친구들에게 계속 말로 설명해달라고 요청합니다. 다른 사람에게 설명하고 모르는 친구를 이해시키기 위해서는 자신이 정확하게 알고 있어야 되기 때문입니다.

수학 시험에서 식은 잘 세워 풀이도 잘했는데 마지막 연산에서 실수로 오답을 적는 일도 비일비재합니다. 이런 경우 저도 아이에게 잔소리 보따리를 풀어놓곤 했습니다. 지금도 전혀 안 한다는 말은 못하겠습니다. 그래서 선배 교사에게 이런 경우 어떻게 해야 하는지 물었습니다. 그러자 수학 전문가이기도 한 선생님은 제게 "틀린 답에 대해 훈계하기 전에 잘 세운 식을 칭찬해준 적은 있어?"라고 되물으셨습니다.

이 물음을 듣고서야 단 한 번도 '제대로 세운 식'에 대한 칭찬을 한 적이 없다는 것을 깨달았습니다. 식만 제대로 세우고 틀린 답을 도출해낸 것에만 초점을 맞춰 분노했지 잘 해낸 것을 인정해주지 못한 겁니다. 또 초등 수학과 관련된 책들을 보니 '아이의 오답'이 나온 이유에 대해 물어보고 잘 들어주고 공감해주어야 한다고 나와 있었습니다. 오답에도 각자 아이들만의 근거가 있기에 잘 들어주고 "그렇게 생각할 수도 있겠다!"라고 공감해주고, 올바른 방법을 설명해주는 것이 바람직하다는 것입니다. 이렇게 했을 때 비슷한 실수를 반복하는 것을 막아준다고 합니다.

2015년도에는 오랜만에 다시 3학년 담임을 맡았습니다. 1, 2학년만큼 저학년은 아니지만 아직 3학년도 예쁜 아기들입니다. 예전에는 3학년이 아직 미숙한 짓을 하면 "너희가 1학년이니? 다시 1학년 교실로 가야겠네! 왜 이것도 틀려?"라고 자주 말하곤 했습니다. 반성하는 의미로 올해는 "이번엔 중간 과정까지 맞췄으니까 다음에는 조금 더 맞추겠네. 사람이 기계도 아니고 어떻게 한 방에 완벽할 수 있겠니?"라고 말했습니다. 물론 교사는 약 서른 명의 아이를 동시에 대해야 하다 보니 어렵고, 어머니들은 내 자식이기 때문에 이 정도는 알아야 할 것 같은 마음이 들어 좋게 말하기 어려울 것이라고 생각됩니다. 그래도 아이가 실수로 문제를 틀렸을 때에는 윽박지르기보다 차근차근 아이의 말을 들어보는 것이 좋습니다.

"이거 어제 엄마랑 다섯 번이나 풀어본 거잖아? 왜 아는 걸 틀리고 난리야!"

"이것도 점수라고 받아왔니? 아이고 속 터져"

"옆집 애는 학원 안 다녀도 척척 잘한다는데. 너는 비싼 돈 들여 학원을 보내도 이 모양이니?"

"너는 애가 누굴 닮아 그렇게 덤벙대니?"

"잘한다, 잘해!"

세상에 가장 나쁜 교사와 가장 나쁜 엄마는 아이의 실수를 비난해 도전조차 두렵게 만드는 것입니다. 아는 것을 실수로 틀렸을 때 아이를 탓하며 야단치고 혼내는 것은 모든 엄마들이 할 수 있는 행동입니다. 우리 아이가 다른 아이들보다 특별대우를 받기를 원한다면 엄마부터 달라져야 합니다. 좋은 엄마가 되어 좋은 선생님을 벤치마킹하시기 바랍니다. 엄마는 아이가 생에 처음 만나는 스승이기도 하니까요.

학교에서 진단·중간·기말 평가를 보기 전에 "공부는 안 하고 게임만 하는 식충이 같은 놈아! 너 때문에 엄마 속이 터진다, 터져!"라고 소리 지르지 마시고 논리적으로 세 가지를 강조해 주세요.

첫째, 시험지를 받자마자 이름부터 꼭 쓰기. 어릴 때 이름 안 쓰는 아이는 수능시험장에서도 안 쓸 수 있습니다.

둘째, 문제를 잘못 읽어서 틀리는 일이 없도록 하기. 영어보다 국어가 더 중요하고, 선행학습보다 독서가 중요합니다. 문제를 이해하지 못하거나 제대로 읽지 못해 시험 문제를 못 푸는 학생이 생각보다 많기 때문입니다.

셋째, 복습할 때는 꼭 소리 내어 설명해보기. 조금 어려운 문제는 안다고 속단하지 말고 친구나 부모님께 설명하며 복습하는 것이 좋습니다.

넷째, 모르는 문제라도 빈칸으로 두지 말기. 비워두는 것보다는 답과 가장 가깝다고 생각되는 무언가로 채워넣는 것이 좋습니다.

다섯째, 시간이 남아도 마지막 순간까지 최선을 다하기. 최선을 다하는 것도 습관이며 대충 하는 것도 습관입니다.

엄마가 논리적으로 설명하고 설득할 줄 알아야 아이도 논리적인 언어 습관을 배웁니다. 즉흥적이고 비논리적이고 일관성 없으며 성격 급한 양육자에게 자란 아이는 당연히 즉흥적이고 비논리적이고 변덕이 심하고 성격이 급합니다. 아이가 저학년이라면 위의 내용을 출력해 차근차근 설명해줄 필요가 있습니다. 아예 시험 날 아침 웃으면서 소리 내어 읽어보는 것도 좋습니다. 그러면 아는 문제를 틀리거나 답을 밀려 써서 시험을 망치는 일은 없을 것입니다.

Mother's words

★ "좋은 경험했네. 실수를 통해 배우는 거야. 앞으로 더 나아질 거야."

★ "알 것 같다는 느낌과 제대로 아는 것과는 차이가 있어. 그럴 땐 친구나 엄마한테 공부한 것을 설명해보렴."

★ "이번에는 식을 제대로 세웠으니까 다음 시험에서는 답까지 완벽하게 맞추겠네. 연산식을 쓰는 게 더 어려운데 정확하게 적어놓았구나. 문제의 뜻을 잘 이해했네."

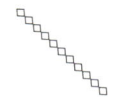

1등을 해야 직성이 풀리는 아이에게

결과가 만족스럽지 못하더라도 노력하는 과정에서 자기 자신을
대견하게 여길 수 있다면 그것만으로도 큰 의미가 있습니다.

"내가 네 아빠가 저래도 너 키우는 맛에 산다. 너 없었으면 엄마는 이혼했을

거야. 너는 나 실망시키면 절대 안 된다!"

"엄마는 네가 공부 잘하는 맛에 산다."

"네가 공부를 잘하는 게 엄마 기 살려주는 일이야."

"공부 잘하는 우리 아들 때문에 아빠는 정말 행복하다."

이러한 칭찬은 정신적으로 큰 부담을 주어 아이의 자신감을
세워주는 게 아니라 도리어 떨어뜨리게 됩니다. 칭찬할 때는 결
과에 대한 부모의 만족도에 중점을 두지 말고 아이가 성취하기
까지 노력한 과정과 스스로 느끼는 기쁨, 자랑스러움에 중점을

두어 칭찬하는 것이 교육적으로 좋습니다.

　자신의 노력에 대해 칭찬받은 아이는 성적이 떨어지더라도 '내 노력이 부족했나' 하는 생각으로 더 분발하게 됩니다. 더 많은 노력으로 좋은 결과를 얻었을 때 스스로 뿌듯함을 느끼며 자신감을 갖게 됩니다. 자녀가 건강한 자신감을 갖길 원한다면 성취한 것을 짚어서 말해주되, 그것을 부모의 사랑과 연결시키지 말아야 합니다.

　요즘 우리 아이들은 '1등이 아니면 의미가 없다' '지면 끝이다' '1등만 기억하는 더러운 세상'이라는 이분법적인 세상에 살고 있기 때문에 좌절하고 상처받기 쉽습니다. 자녀가 1등에 집착할수록 부모님들이 나무보다 '숲'을 보는 안목과 통찰력을 키워줘야 합니다.

　또 아이가 1등 하기를 바라는 것보다 1등을 했을 때도 겸손할 수 있는 태도를 길러주어야 합니다. 그리고 1등 하지 못해 좌절했을 때도 바로 일어설 수 있는 오뚝이 정신을 길러주어야 합니다. 오뚝이 정신을 요즘은 역경지수(AQ)라고 부릅니다. 지능지수(IQ)와 감성지수(EQ)만큼이나 중요한 것이 바로 역경지수입니다. 교육 심리학자들은 성공하는 데 지능지수가 미치는 영향력은 약 20퍼센트이며, 나머지 80퍼센트는 감성지수와 역경지수에 달렸다고 말합니다.

평소 책을 즐겨 읽고 다양한 분야의 전문가들이 하는 강의를 들으러 다니며 식견을 넓힌 부모님일수록 결과나 등수에 연연해 하지 않습니다. 1등을 한다고 꼭 성공하는 것도 아니며, 성적이 좋다고 해서 다 잘되도록 세상이 만만하지 않다는 사실을 잘 알고 있기 때문입니다.

"1등 아니면 의미 없어. SKY 대학에 가려면 초등학교 때는 무조건 1등 해야 돼."
"너 사촌 형 봤지? 의대 중에서도 등록금 안 내는 ○○의대 가는 거? 그게 효도하는 거야. 너도 반드시 ○○의대 가야 해. 그러려면 전교 1등이 아니라 전국 1등 해야 되는 거야."

실제로 이런 사건이 있었습니다. 아이는 공부를 잘해서 항상 전교 1등의 자리를 놓치지 않았고, 리더십도 있어 전교 회장에 당선되기도 했습니다. 게다가 운동도 잘해서 친구들의 부러움을 한 몸에 샀습니다. 그러다 부모님의 사업이 갑자기 어려워져 집안 사정이 급속도로 안 좋아지기 시작했습니다. 결국 수학여행에도 가기 어려워졌습니다. 하지만 무엇이든 1등이었고 항상 최고여야 한다고 생각했던 아이는 자신이 처한 현실을 받아들이지 못했고, 결국 수학여행 전날 아파트 베란다에서 뛰어내려 삶을 마감했습니다. 평소 성격도 밝고 장점이 많던 아이라 주변 사람들의 안타까움이 더욱 컸습니다. 이런 극단적인 경우가 아니더라도 항상, 무조건 최고가 되어야 하고 1등을 해야 한다고 생각하는 아이는 여러모로 위험합니다.

바람직한 경쟁의식은 좋지만 무조건 1등이 최고라는 사고방식을 부모 주도 하에 어릴 때부터 길러주는 것은 옳지 못합니다. 결과가 만족스럽지 못하더라도 노력하는 과정에서 자기 자신을 대견하게 여길 수 있다면 그것만으로도 큰 의미가 있음을, 그렇게 노력하다 보면 좋은 결과도 나올 거라는 격려가 우리 아이들에게 꼭 필요합니다.

Mother's words

★ "성적이 오른 것도 축하할 일이지만 매일 아침 한 시간씩 일찍 일어나서 노력한 일이 더 칭찬해주고 싶구나."

★ "스스로 공부해서 성과를 얻었으니 뿌듯하겠구나."

★ "스스로를 대견하게 생각할 수 있는 사람이 제일 멋진 거야."

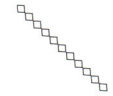

실수를 반복하는 아이에게

실패를 즐기는 사람이 세상을 지배한다. _리처드 파슨

저학년 담임할 때 날려 차기(발차기)를 즐겨하던 남학생이 있었습니다. 아버님이 태권도 사범이셨는데 어머니의 말씀에 의하면 뛰어난 운동신경과 함께 욱하는 성격도 같이 물려받은 것 같다고 합니다. 친구들과 모둠 활동을 하다가 자기 마음에 들지 않으면 콧김이 나올 정도로 씩씩거리다가 결국 친구를 발로 찼습니다. 그 힘이 어찌나 강한지 반에서 체격이 제일 큰 남학생도 뒤로 쓰러지기 일쑤였습니다. 제가 아무리 반성문을 쓰게 하고, 가장 무서워하는 아버지에게 기합을 받아도 어머니가 눈물로 호소해도 달라지지 않았습니다.

그러던 어느 날 쉬는 시간에 여학생의 가슴 부분을 발로 차는 사건이 생겼습니다. 쉬는 시간에 같은 학년 선생님들과 기말고사 출제에 대해 의논하고 교실에 와 보니 여학생이 하늘이 무너진 듯 울고 있었습니다. 여학생의 흰색 티셔츠에는 발로 찬 학생의 발자국이 선명하게 남아있었습니다. 그 모습을 보자 교사인 저부터 이성을 잃을 만큼 화가 났습니다.

맞은 아이를 달래며 먼저 보건선생님께 데리고 갔습니다. 당장 큰 병원에 CT 촬영을 하러 가야 할 상황이었습니다. 더구나 여학생의 부모님께는 어떻게 설명을 드려야 할지 눈앞이 캄캄했습니다. 엄청난 분노가 폭발하려는 순간 '내가 지금 분에 못 이겨 폭언한다면 앞으로 이 아이에게 어떤 말을 할 수 있을까?' 하는 생각이 뇌리에 스쳤습니다. 그래서 숨을 가다듬고 "선생님은 ○○이를 믿어. 이유 없이 친구의 가슴을 발로 찰 아이는 아니라고 생각해. 아마도 그럴 만한 이유가 있겠지. 네가 한 행동이 잘했다는 뜻은 아니야. 그렇지만 선생님은 너를 믿기 때문에 목격한 친구들의 말보다 네 말부터 들어보고 싶어"라고 차분하게 말했습니다.

그 순간 잘 울지 않던 아이가 눈물을 쏟으며 설명했습니다. 쉬는 시간에 여학생들과 한 TV 프로그램을 따라하다가 '게임에서 꼭 이겨야겠다'는 승부욕이 발동해서 일어난 일이라는 것입니다. 그 친구를 때리려고 한 것은 아니었다며 깊이 반성하는 모습도 보였습니다. 저는 아이에게 "역시 선생님의 생각과 다르지 않아 다행이야. 가끔 폭력이 나오는 걸 봤지만 친구에게 함부로 폭력을 휘두르는 친구는 아니라고 굳게 믿고 있었어. 그런데 앞으로 선생님의 믿음이 굳건해질 수 있도록 어떤 문제가 일어나든 친구들과 대화로 풀 수 있을까?"라고 말했습니다. 그리고 약속을 지켜줄 거라고 믿기 때문에 오늘 일은 집에 알리는 대신 선생님이 친구 어머니께 전화해 사과하겠다고 했습니다.

그 이후 아이는 정말 제 믿음대로 친구들과 의견 충돌이 생겨도 예전처럼 분노하며 폭력을 휘두르지 않고 차분하게 타협점을 찾는 모습을 보여주었습니다. 그뿐 아니라 학교생활도 더 착실히 하며 듬직하게 지냈습니다.

노벨문학상을 수상한 헤밍웨이의 어머니도 완벽주의 기질이 강했다고 합니다. 완벽주의 엄마와 엄격한 아버지 밑에서 자란 헤밍웨이는 콤플렉스가 많았다고 합니다. 헤밍웨이는 세계적인 작가가 되어 최고의 명예와 부를 누렸지만 결국 엽총을 입에 문 채 방아쇠를 당겨 생을 마감했습니다. 세간에서는 그의 죽음에 편집증 증세가 있던 어머니의 영향도 있었다고 말하기도 합니다. 완벽주의라고 해서 다 나쁜 것은 아닙니다. 하지만 사소한 실수 하나도 용납하지 않는 강박적인 기준을 가지고 자녀를 교육한다면 부모와 아이 모두 불행해집니다.

'같은 실수를 반복하는 것은 실수가 아니라 잘못이다'라는 말이 있습니다. 하지만 이 말은 적어도 스무 살 이상 된 성인에게 해당되는 말이라고 생각합니다. 아이들에게 실수는 '배움'과 동의어입니다. 실수하고 실패하면서 배우는데 그 기회를 뺏는 부모님이 있습니다. 물론 내 아이만큼은 인생에 있어 시행착오나 실수를 덜 겪기 바라는 게 부모의 마음이겠지요. 그렇지만 아이들은 세상과 만난 지 이제 10년 전후입니다. 그 중에서도 기저귀를 차고 있던 시간과 모국어도 할 수 없던 영유아 시기를 빼면 그것마저도 줄어듭니다. 이런 아이들에게 너무 능수능란한 삶의 자세를 요구하는 것 또한 욕심입니다. 그리고 과욕입니다.

> "여보, 저걸 정말 그때 괜히 낳았어! 저런 건 줄 알았으면 낳지 말았어야 했는데……."
>
> "너 때문에 내가 정말 미친다, 미쳐!"
>
> "내가 전생에 무슨 죄를 졌길래 저런 자식을 낳았는지 모르겠어!"

아이를 너무 사랑하기에 이런 말은 결코 하고 싶지 않겠지만 무의식적으로 자신도 모르게 나올 수 있습니다. 혹은 어릴 때 자신이 부모님으로부터 들었던 말 중에서 가장 듣기 싫었던 말을 고장 난 라디오처럼 반복하고 있을지도 모릅니다. 실제로 어릴 때 칭찬에 너무 인색한 부모 밑에서 자란 어느 어머니는 아이에게 칭찬해주고 싶어도 잘 안 된다고 속상해하기도 합니다.

얼마 전 신문기사를 보았습니다. 우리가 일상생활에서 내리는 모든 판단과 의사결정에서 무의식에 의존하는 것이 95퍼센트 이상이라는 연구 결과가 나왔다고 합니다. 어릴 때 부모님으로부터 언어폭력에 시달리거나 상처받은 사람은 그것을 '무의식'적으로 아이에게 되풀이할 수 있다는 것입니다.

"사람은 분수를 알아야 돼. 너 같은 게 할 수 있을 것 같아?"라는 말을 들으며 자라는 아이들은 쉬운 일에도 선뜻 도전하지 못하게 됩니다. 잠재의식 속에 나는 무능력하기 때문에 어떤 일도 해낼 수 없어'라고 생각하기 때문입니다. 아이가 '난 할 수 없어'라고 생각할 때에도 "오르지 못할 나무도 사다리를 가지고 와서 열심히 오르면 돼"라고 말해줄 수 있는 부모가 되어야 합니다. 저 또한 조심한다고 조심해도 "선생님 힘들어 죽겠다. 너 때문에 병나겠다, 병나겠어!"라는 말이 주워 담을 틈도 없이 입 밖으로 흘러나올 때가 있습니다.

고등학교 생물시간에 베버의 법칙을 배운 적이 있습니다. '동일한 자극이 지속되면 둔감해져서 반응하지 않고, 이전보다 더 큰 자극이 가해져야 반응한다'는 것입니다. 우리 아이들을 포함한 모든 생물은 처음에 큰 자극을 받고난 뒤에는 작은 자극에는 반응하지 않고, 그 이상이 와야 느낄 수 있다는 것입니다.

어릴 때부터 너무 강한 야단과 훈육에 길들여진 아이는 나중에 같은 강도로 혼을 내도 아무런 반응이 없습니다. 자주 분노하는 부모님 밑에서 자란 아이는 나중에 부모님이 어떤 반응을 해도 귀를 닫고 회피하게 되는 것입니다.

10년 이상 아이들과 함께 하루의 절반을 보내며 두 가지 깨달은 것이 있습니다. 성선설과 성악설 중 아이 자체는 성선설에 가깝다는 것입니다. 또 한 가지는 사람은 누구나 선천적으로 새로운 것을 배우고 공부하고 싶어 하는 지적 탐구심을 가지고 태어난다는 것입니다. 다만 어른이 실수를 다그치고 부적절한 훈육을 하면 그 탐구심은 점점 사라집니다.

주변을 보면 아이들의 건강을 위해 친환경 접착제로 만든 가구만 고집하는 부모님들이 많습니다. 결혼 전에는 비싼 화장품에 비싼 옷을 입다가 지금은 저렴한 화장품과 샘플을 아껴 바르면서 아토피 있는 아이를 위해 비싸더라도 친환경 제품만 사주고 싶은 것이 엄마의 마음입니다. 그런데 그것보다 더 중요한 것은 아이의 예쁜 귀에 긍정적이고, 진취적인 말을 되도록 많이 들려주는 것입니다.

아이가 실패한 경험이 전혀 없다면 아무것도 도전하지 않았다는 뜻이기도 합니다. 그러니 아이의 실패에 조금 너그러워지길 바랍니다. 커 가는 과정으로 봐주시길 바랍니다.

"농구를 하면서 9,000개가 넘는 슛을 실패했다. 패한 경기도 300 경기가 넘는다. 들어갈 것이라 생각했던 위닝샷도 26번이나 실패했다. 내 삶은 실패의 연속이었다. 그게 바로 내가 성공한 이유이다."

농구 황제 마이클 조던이 한 말입니다. 아이가 실수를 했을 때 "아빠도 너만 할 땐 그랬어. 사실 너보다 더 못했지"라고 말해보세요. 이처럼 따뜻하고 아이가 용기를 낼 수 있는 말을 많이 들려주면 좋겠습니다.

Mother's words

★ "실수는 누구나 하는 거야. 괜찮아. 실수에서도 많은 것을 배울 수 있어."

★ "혼자 고민하지 말고, 같이 생각해보고 의논해볼까?"

★ "열심히 노력하고 있는 거 엄마는 아니까. 결과와 상관없이 엄마는 네가 자랑스러워."

★ "실수했어도 노력했으니 괜찮아. 어떻게 하면 실수를 줄일 수 있을까? 같이 생각해보자."

★ "아빠는 네가 실패했어도 자랑스러워. 최선을 다했다는 걸 아니까."

쓸데없는 일에 집중하는 아이에게

어른에게는 너무 당연한 일로 느껴지는 것들도
아이들은 배우는 단계입니다.

매년 있는 학부모 상담 때 많은 어머니들이 하는 말이 있습니다. 평소에는 손도 잘 들고 발표도 씩씩하게 잘하던 아이가 공개 수업 때 계속 딴짓을 하고, 발표도 안 하고 엄마만 쳐다봐서 너무 속상했다는 것입니다. 심지어 아는 것도 제대로 대답 못하는 아이를 보니 혈압이 올라가면서 현기증까지 났다고 고백하는 어머니도 있었습니다. 이런 경우 저는 어머니들께 이렇게 말씀드립니다. "평소에 발표도 안 하다가 그날만 보란 듯이 잘하는 아이들도 있는데, 그런 아이들보다 그날 하루만 못하는 것이 낫지 않을까요? 그리고 평소에 얼마나 잘했는지 CCTV가 없어 보여드릴 수는 없지만 제가 기억하는 ○○이는 평소에 참 잘해요"라고 위로해드립니다.

실제로 평소에는 정말 잘하다가 공개 수업 하는 날만 되면 부담감 때문인지 안절부절못하고 집중을 잘 못하는 학생들이 꽤 있습니다. 1년 내내 잘하다가 하루 못했다고 엄마한테 비난받는 아이의 마음은 또한 속상하고 억울할 것입니다. 공개 수업 날이 중요하다는 것은 알지만 어떻게 하는 것이 잘하는 것인지 모르는 아이들도 많습니다. 특히 저학년의 경우 처음 해보는 경험이기에 더 그렇습니다.

1학년 담임할 때 정규 수업은 아니지만 방과 후 영어 공개 수업 시간에 평소 안 오던 친구 어머니들이 오자 당황해 교실 한가운데 드러누운 여학생도 있었습니다. 처음에는 왜 그런 행동을 했냐고 방과 후 강사님 대신 혼을 내려고 했는데 '1학년은 그 모든 게 처음이라 그럴 수 있겠다' 하는 생각이 들어 좋게 타일렀습니다. 이런 학생들도 너무 걱정할 필요는 없습니다. 1~2학년 공개 수업 때는 못하다가 학년이 점점 올라갈수록 잘하는 기특한 아이들이 수없이 많기 때문입니다.

아이들이 중요한 일을 미루고 쓸데없는 일에 집중하는 이유는 간단합니다. 인생 경험 부족과 발달 단계의 특성상 무엇을 우선순위에 두어야 하는지 몰라서입니다. 혹은 부모가 생각하는 중요한 일과 아이들이 생각하는 소중한 일은 전혀 다를 때도 있죠.

아이들이 열광하는 포켓몬 카드(드래곤빌리지 카드)가 있습니다.

엄마들은 아이들이 왜 그렇게 소중히 여기는지 도저히 이해가 되지 않지만 아이들은 돈보다 그 카드를 더 좋아합니다. 이렇게 아이는 각각의 연령대와 성별마다 열광하는 것이 따로 있습니다. 그러니 너무 조급하게 생각하지 마시길 바랍니다. 그리고 천천히 아이에게 어떤 것이 중요한지 설명해주시기 바랍니다.

그러기 위해서는 매일 꼭 해야 하는 일의 우선순위를 만들어 정리하고 완수했을 때마다 체크리스트처럼 지워나가기, 그날 배운 것을 잊어버리기 전에 다시 한 번 보고 복습하기, 수업 시간 전에 미리 예습하고 궁금한 점 세 가지 적어오기 등을 아이의 몸에 익을 때까지 지도해야 합니다. 하나부터 열까지 세세하게 가르쳐주고 함께 반복하면 좋습니다.

"거짓말하지 마! 누굴 속이려고! 나중에 하려고 했잖아. 엄마가 모를 것 같아? 네 얼굴에 다 쓰여 있어."

"딱 걸렸어! 또 쓸데없는 짓 하려고 했지?"

"할 생각이 전혀 없는 표정이구만."

"내 딸인 척 하지 마. 부끄러우니까."

"안 그래도 엄마 인생이 힘든데, 너까지 왜 이러니?"

"뭐 이런 게 다 있어? 교활한 놈."

"끔찍하다 끔찍해. 저런 것도 딸이라고."

"참다 참다 정말 더는 못 참겠다. 앞으로 어디 가서 내 아들이라고 하지 마."

"너 자꾸 이러면 앞으로는 같이 외출 안 한다."

하라는 공부는 안 하고, 가라는 학원은 안 가고, 씻으라는데 씻지도 않을 때 아이와 같이 흥분하고 소리치고 화를 내면 엄마는 이미 진 것입니다. 화를 낸다고 문제가 해결되지 않습니다. 겁을 먹은 아이가 일시적으로 말을 듣는 척 할 수는 있겠지만 엄마의 감시가 없을 때는 원래대로 돌아가기 때문입니다.

아이의 행동이 도저히 이해되지 않아 분노 게이지가 상승하더라도 심호흡을 하고 9초를 기다려야 합니다. 9초만 마음을 잘 다스리면 살인도 면한다고 합니다. 보통 화가 난 후 9초가 지나면 마음이 가라앉기 때문입니다. 아이들도 합당한 이유와 과학적 근거를 들어 설명하면 생각보다 잘 이해합니다.

저 또한 교사가 된 지 얼마 안 됐을 때는 '어린 학생들이 뭘 알겠어?'라는 생각으로 체계적인 설명보다 일방적인 지시로 일관했습니다. 하지만 시간이 지날수록 아이들은 변화하기는커녕 제 앞에서만 지킬 뿐 자리를 비우면 금세 무질서해졌습니다. 아이들과 함께 의논하면서 문제를 알게 해주고, 스스로 바꾸기 위해 노력하도록 지도하지 않았기 때문이었습니다.

실제로 어떤 문제가 생기면 아이들에게 차분히 설명하고, 이해시키는 과정이 턱없이 부족하다고 합니다. 어른에게는 너무나 당연한 일로 느껴지기 때문입니다. 하지만 일상생활에서 일어나는 모든 과정이 아이들에게는 커 가는 과정이자, 배움의 단계입니다.

그러니 하나부터 열까지 차분하게, 천천히, 반복해서 왜 양치질을 해야 하는지, 왜 일기를 쓰는 것이 좋은지, 왜 자세를 바르게 해야 하는지에 대해 설명해주어야 합니다. 지금 하는 행동의 의미와 이 행동을 오랫동안 실천하면 어떤 것을 얻을 수 있는지 초등학생 수준에 맞게 설명하는 것이 엄마의 역량이란 생각이 듭니다. 그냥 "해라", "그건 안 돼"가 아니라 왜 해야 하는지, 왜 하면 안 되는지에 대한 엄마의 생각을 아이와 나누시기 바랍니다. 그러면 아이는 스스로 바꾸기 위해 노력할 것입니다.

Mother's words

★ "네 마음이 진정될 때까지 엄마가 기다릴 테니까. 조금 뒤에 다시 이야기를 나눠보자."

★ "공부하라고 잔소리하는 대신, 엄마 아빠가 먼저 책을 읽을게."

★ "공부하는 것도 중요하지만 우리가 왜 공부를 해야 하는지 한 번은 진지하게 생각해 보고 의견을 나누면 좋겠어."

모든 일에 의욕이 없는 아이에게

인간은 혼자만의 시간을 통해 성장합니다. 그래서 가끔 부모가
그저 바라봐주고 혼자 시간을 보낼 수 있도록 해주는 것도 필요합니다..

학부모님들과 상담을 하다 보면 "우리 아이는 너무 의욕적이
라 엄마인 제가 부담스러울 정도예요"라는 말은 3년에 한 번 정
도, "우리 아이는 너무 의욕이 없어서 걱정이에요"라는 말은 3개
월에 한 번 꼴로 듣습니다.

이미 아무것도 안 하고 있으면서 "엄마, 오늘은 정말 아무것도
안 하고 싶어요"라고 말하는 아이가 참 미울 것입니다. 교실에서
학생들을 보아도 성실한 아이는 더 성실해지려고 하고, 이미 나
태한 아이는 더 놀고 싶어 하는 것이 사실입니다.

하지만 그런 아이들의 마음을 전혀 이해 못하는 것은 아닙니
다. 아이들은 눈 뜨자마자 학교에 갔다가 방과 후에는 학원을 전

전하고, 집에 와서는 학습지 선생님을 맞아야 합니다. 그러다 보면 주말에는 재충전의 시간이 필요합니다. 엄마 눈에 아이가 의욕 없고 무기력해 보인다면 '아이가 전혀 하고 싶지 않은 일'을 강요하면서 무리하게 시키고 있지는 않은지 점검해볼 필요가 있습니다.

매사 의욕이 없고 짜증을 잘 내는 아이가 있다면 혼자만의 시간과 재충전의 시간을 너무 제한하지 않았는지 엄마가 스스로 반성해보길 바랍니다. 누구에게나 혼자 있는 시간은 매우 중요합니다. 혼자 있는 시간을 어떻게 보내느냐가 미래를 결정한다는 말도 있습니다.

보통 의욕적인 엄마 밑에서 자란 아이는 의욕적입니다. 새로운 것에 호기심을 갖고 도전하며 꿈을 꾸고 조금씩 이루어 가는 엄마를 보고 자란 아이는 진취적이고 항상 자신의 목표와 꿈을 가지고 있습니다. 《엄마의 꿈이 아이의 인생을 결정한다》의 저자인 김윤경 씨는 책에서 이를 입증하고 있습니다.

'둘째 아이를 임신한 막달에 회사에서 지원하는 해외 MBA 대상자로 선발되었을 때의 일이다. 1년 내에 상위 30위권 MBA학교로부터 입학 허가를 받아야 하는 상황에 처했기 때문에 둘째 출산 후 매일 새벽 4시에 일어나 영어 공부를 해야 했다. 최근에는 아예 거실로 식탁을 옮겨 놓고 책을 읽거나 글을 쓰게 되었다. 그랬더니 이내 아이들이 엄마 주변을 이리저리 기웃거리다 본인이 관심 있는 책이나 숙제를 들고 와서 엄마 옆에 앉는 것이었다. 부모가 배움을 게을리 하지 않으면 아이들도 부모의 어깨 너머로 배우는 것의 즐거움을 간접 경험하며 호기심을 갖게 된다.'

김윤경 씨는 자신에게서 끊임없이 뿜어져 나오는 행복 에너지의 근원에 관심을 가지며 아이들이 엄마 책상 주변을 끊임없이 어슬렁거린다며 행복한 고백을 했습니다. 발가락 모양만 유전되는 것이 아니라 인생에 대한 긍정적인 태도도 유전됩니다.

한세대학교 치료상담 대학원 교수이자 상담 전문가인 김영아 교수님의 강의를 들은 적 있습니다. 강의 전체가 큰 감동이자 배움의 장이었습니다. 그 중에서도 가장 제 심금을 울린 것은 "사랑도 문제도 가계도를 타고 내려옵니다"라는 말이었습니다. 생물학적 부모에게서 우리는 신체도 물려받지만 정신 또한 물려받는 것이 사실입니다.

평소 꼼꼼하고 계획적이고 완벽함을 추구하는 성격의 엄마일수록 아이가 널브러져 있는 것을 잘 견디지 못합니다. 하지만 어른인 우리도 일주일에 하루 정도는 이불과 혼연일체가 되어 아무것도 하고 싶지 않을 때가 있습니다. 제 경험상 충분히 쉬고 싶은 순간에는 자신을 내버려두는 것이 더 좋은 성과를 가져오는 것을 여러 번 느꼈습니다.

5세 정도가 되면 아이는 혼자 생각할 수 있습니다. 자아가 발달할수록 아이는 혼자 내버려두기를 원한다고 합니다. 인간은 혼자만의 시간을 통해 성장합니다. 혼자만의 시간은 자신의 마음과 마주하는 소중한 시간이기도 합니다. 온전히 혼자 있는 시간이야말로 아이를 크게 성장시키는 원천으로 작용하기도 합니다. 그럴 때는 부모가 그저 바라봐주고 혼자 시간을 보낼 수 있도록 해주는 것이 좋습니다.

아이에게 가장 좋은 보호자는 완벽한 엄마가 아니라 '적당히 좋은 엄마'라고 합니다. 완벽한 엄마가 되기 위해 하루 종일 고군분투하다 심신이 지치면 아이에게 화풀이하고 분노하는 것보다 자신의 인생이 행복한 적당히 좋은 엄마가 더 훌륭하다는 것입니다.

하루 스케줄이 너무 빡빡하지 않은데도 짜증스러운 아이는 엄마의 미니어처나 아바타일지도 모릅니다. 남편과 나누는 대화가 지나간 일에 대한 만족, 현재에 대한 감사함, 미래에 대한 계획보다 불평불만이 더 많다면 아이는 당연히 대화를 불평불만 늘어놓기로 학습할 것입니다. 엄마가 긍정적으로 생각하고 말하는데 아이가 짜증을 내는 경우는 거의 없습니다. 현자 상황이 어떠하든 가진 것과 주어진 것에 감사하며 성실, 착실, 진실한 삶의 자세를 자녀들에게 보여줘야 합니다.

때로는 아이의 투정을 받아줘야 할 때도 있습니다.《외동아이를 키울 때 꼭 알아야 할 것들》이란 책을 보면 응석을 받아주는 것만으로도 아이의 마음에는 에너지가 쌓인다고 합니다. 마음의 에너지가 쌓이면 '다시 노력해보자'는 강한 마음이 갖추어지기 때문에 이런 과정을 통해서 마음을 회복하는 능력이 커진다고 합니다.

무기력하고 짜증나던 순간도 극복해낼 수 있는 회복탄력성이 높은 아이로 키우기 위해서는 아이를 믿고 또 믿고, 기다려줘야 할 때가 있습니다. 학교에서 교사가 못 주는 사랑과 신뢰를 주고 또 주시기 바랍니다.

아이가 매사 무기력하고 무표정이고 입만 열었다 하면 불평불만을 쏟아낸다면 엄마는 자기 자신을 먼저 객관적으로 되돌아봐야 합니다. 그리고 아이의 투정이 과하지 않다면 때로는 수용하고 보듬어주는 것도 엄마의 지혜가 아닐까 싶습니다.

이런 표현 정말 죄송하지만 교실에 정말 골 때리는(?) 아이가 있었습니다. 당근도 주고 채찍도 줘봤지만 그 어떤 것도 듣지 않았습니다. 그러나 당근도 아닌 채찍도 아닌 말과 행동, 그리고 여러 가지 방법으로 감동을 세 번 이상 선사하자 아이는 급속도로 변하기 시작했습니다. 결국 아이의 행동을 변화시키고 싶다면 마음을 움직여야 합니다. 제 경험상 마음을 움직이는 것은 따뜻한 말입니다. 그리고 진심이 담긴 약간의 물질이 가미되면 더 효율적입니다. 아이들에게는 눈에 보이고 손으로 만질 수 있는 선물이 감동을 증폭시킵니다. 감동은 아이를 변화시킵니다. 이 방법으로 바뀌지 않는 아이를 저는 아직 만나보지 못했습니다. 유별난 아이일수록 감동받은 경험이 많지 않아 쉽게 감동받습니다. 온몸으로 온 마음으로 감동받은 사람은 자신을 믿어주는 사람을 절대 배신하지 않습니다. 또 다시 감동으로 답례하는 것이 아이들입니다.

Mother's words

★ "아빠 의견은 이런데, 네 생각은 어떠니?"

★ "너는 의욕만 키우면 뭐든지 잘할 수 있어. 엄마는 그렇게 믿어."

★ "이런 때에는 좌절하지 않는 것이 중요해."

★ "완벽하진 않지만 너는 조금 더 똑똑해졌고 조금씩 발전하고 있잖니."

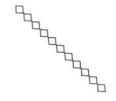

형제나 친구에 비해 뒤처진 아이에게

형제의 개성을 비교하면 모두 살릴 수 있지만
형제의 머리를 비교하면 모두 죽인다. _《탈무드》중에서_

지금 근무하는 학교에는 아쉽게도 전문 상담 교사가 없지만 예전에 근무하던 곳에는 계셨습니다. 심각하지 않은 경우에는 담임 선생님이 상담하지만 중대 사안일 경우 부모님들이 상담 전문 기관에 데리고 가기도 합니다.

3학년 담임을 할 때의 일입니다. 제가 담임할 때만 해도 아이가 의기소침한 면이 있긴 했지만 별 문제 없이 1년을 잘 지냈습니다. 저는 그 이후로 다른 학교로 옮기게 되었고, 그 학생은 4학년, 5학년이 되었습니다. 곪을 대로 곪았던 문제는 학생이 5학년이 되었을 때 밖으로 터져 나왔다고 합니다. 어릴 때부터 영재인 형과 6~7세 때부터 비교 당하던 아이는 형만 보면 책상 의자, 식탁 의자를 가족들에게 집어 던지거나 식탁과 책상 위 물건들을 드라마 속 폭군들처럼 쓸어내리곤 했다고 합니다. 급기야 똑똑하고 잘난 형만 있으면 되니까 자기는 11층인 집에서 뛰어내리겠다는 소동도 일어났습니다. 부모님께서는 아이에게 상처를 주려고 한 게 아니라 형을 보고 더 분발하라는 의미로 비교하는 말을 하기 시작했다고 합니다.

유대인들의 가정교육에 필독서인 《탈무드》에는 이런 말이 있습니다. '형제의 개성을 비교하면 모두 살릴 수 있지만 형제의 머리를 비교하면 모두 죽인다.' 유대인은 자녀를 다른 집 아이와 비교하지 않는다고 합니다. 우리처럼 '엄친아'의 개념이 없습니다. 아이들은 각자 발달 단계와 관심 분야 그리고 재능이 다르기 때문에 성적이라는 똑같은 잣대로 아이들을 판단하고 비교하는 것은 옳지 않다고 생각합니다. 유대인 부모는 아이 한 명 한 명을 하나의 인격체로 인정하며 존중합니다.

큰아들은 전체 수석으로 명문 외고에 입학해서 수능 만점자로 서울대에 입학했고, 둘째 아들은 일반고에 진학시킨 김남영 어머니가 계십니다. 특목고의 장점을 잘 알고 있던 어머니는 둘째 아들도 특목고에 가기를 바라는 욕심이 있었지만 "엄마, 나는 형하고 달라요"라고 말하며, 고등학교 시절에 친구들도 자주 만나고 더 즐겁게 살고 싶다는 본인 의사를 존중해주었습니다.《목동 엄마들의 파워 공부법》에 소개된 사례자 중 김남영 어머니는 이렇게 말했습니다.

작은 아이에게 형은 자랑스러우면서도 한편으로는 너무 부담스러운 존재였던 것이다. 결국 나는 아이의 다름을 인정해야 했다. 엄마가 보기에는 훨씬 좋은 길이라 해도, 아이에게 맞지 않으면 아무 소용이 없다. 중요한 것은 아이의 성공이 아니라 아이의 행복이다.

엄마로서의 좌우명이 경쟁을 통한 최고의 성과가 아닌, 어디서든 무엇이 되든 행복한 아이로 키우고 싶다는 어머니는 교사인 저에게도 많은 감동과 교훈을 남겨주었습니다. 부끄럽지만 저 또한 경력이 짧고 담임 역할이 미숙할수록 부정적인 말을 많이 사용했습니다. 이런 말을 해서 아이에게 변화가 있었다면 모르겠지만 목은 목대로 아프고 별로 효력은 없었습니다. 그때는 새 학년이 시작되는 3월이면 한 달 정도 목소리가 변해 있었고, 성대결절에 목의 염증이 너무 심해 밤새 잠을 못 이룬 적도 있습니다.

그 후 아이들이 잘못할 때는 야단치기보다는 못 본 척하거나 꾹 참고 말을 삼켰다가, 아주 사소한 일이라도 세상을 다 가진 사람처럼 감동해서 구체적으로 칭찬하기 시작했습니다. 아니면 잘

못에 대해 부드럽고 이성적인 말투로 짧게 나누어 임팩트 있게 말하려고 노력했습니다. 몸만 다이어트가 필요한 게 아닙니다. 잔소리에도 다이어트가 필요합니다. 말이 많아지면 말의 '값'과 '가치'가 떨어지기 때문입니다.

> "네 동생은 학원 안 다녀도 전교 1, 2등 하는데 넌 학원에, 비싼 과외까지 받아도 왜 그 모양이니?"
>
> "형은 엄마 말을 잘 알아듣는데 너는 왜 말귀도 못 알아듣니?"
>
> "엄마 아는 사람 딸은 전교에서 1~2등 한다더라. 넌 그렇게 못하니?"
>
> "형의 반만이라도 좀 해라."(형 발끝이라도 따라가봐.)
>
> "이걸 점수라고 받아왔니? 동생한테 창피하지도 않니?"
>
> "이 쉬운 걸 왜 모를까? 네 형은 이렇게 쉬운 문제는 좀대로 안 틀렸는데."

훈계할 때 여자아이는 길게 설명해도 잘 알아듣지만 남자아이는 길게 꾸중하면 더 못 알아듣는다고 합니다. 남자아이는 1분 넘게 말하면 이해력이 현저히 떨어집니다. 잘못한 점을 핵심부터 먼저 알려주고 난 다음에 그 이유를 보충해서 알려주는 것이 효율적입니다. 엄마가 아이의 잘못을 몇 달 전의 일부터 지금까지 다시 이야기하는 경우도 있는데 서로 피곤합니다. 아이는 아이대로 알아듣지는 못하고 엄마가 잔소리꾼으로 느껴질 것입니다.

저도 교실에서 학생들에게 무엇을 잘못했냐고 자주 묻습니다. 그 이유는 자신의 잘못을 스스로 아는지도 궁금하고, 알고 있다면 본인의 입으로 앞으로 그렇게 하지 않겠다는 반성의 말을 듣고 싶기 때문입니다. 하지만 잘못을 해놓고도 도저히 그 이유를 찾지 못하는 학생도 있습니다. 이런 경우는 대개 남학생입니다. 저는 처음에 그들이 다 알면서 시치미 떼는 것이라고 생각하고 더 닦달하기도 했습니다. 그런데 정말로 자기가 무엇을 잘못한지 몰라서 대답을 못하는 경우도 많았습니다. 그럴 때는 아이들과 스무고개를 하는 것보다 확실하게 무엇을 잘못했는지 그냥 알려주어야 합니다.

남자아이를 키우면서 화를 내지 않기가 얼마나 어려운지 알고 있습니다. 심지어 《내 아이 때문에 미칠 것 같은 50가지 순간》, 《엄마는 아들을 너무 모른다》, 《남자아이 키우기》라는 제목의 책이 있을 정도입니다. 그러나 아들을 키우면서 화를 참기 어렵다면 아주 가끔 윽박지르고 화를 내면서도 주된 엄마의 대사는 긍정적인 내용이어야 한다고 생각합니다. 특히 형제자매 사이의 비교는 부작용이 엄청 납니다. 장기간 형제와 비교 당하면 아이 마음속에는 형제에 대한 증오심이 생길 수 있습니다. '형만 없으면 내가 혼나지 않을 텐데' 하는 생각을 하면서 형제애를 키우기는 어렵습니다.

한 설문조사에서 '자녀를 가장 슬프게 하는 말'을 소개한 적이 있습니다. 자료에 따르면 "동생은 공부 잘하는데, 넌 어째 동생만도 못하니?"처럼 형제 간의 비교하는 말이 자녀를 가장 슬프게 하는 것으로 나타났습니다. 비교하지 않는 것이 좋겠지만 하게 되더라도 지능과 성과보다는 각자의 잠재력과 개성을 칭찬하며 비교하는 게 좋지 않을까 싶습니다.

겨울에 내리는 눈송이도 우리 눈에는 다 똑같아 보이지만 현미경으로 보면 모두 다 모양이 다른 결정체를 가지고 있습니다. 우리 아이들도 그렇게 다 다르고, 한 명 한 명이 모두 특별하고 의미 있는 존재입니다. 자신과 형제를 비교하며 주눅 들어 있는 아이들에게 눈 결정 사진을 보며 멋진 이야기를 해주는 엄마가 되어보면 어떨까요.

Mother's words

★ "남들이 뭐라고 하든지 너는 너 나름대로 하면 돼."

★ "인생이란 생각보다 무척 길단다. 긴 인생에서 남보다 조금 천천히 간들 어떠니? 괜찮아. 길고 짧은 건 끝까지 가봐야 아는 법이란다."

★ "언니는 언니고, 너는 너야! 다른 사람과의 경쟁이 중요한 게 아니고 자기 자신과의 싸움이 중요한 것이란다."

★ "같은 나무에 열린 사과지만 서로 모양이 다르지? 너희 둘이 개성이 다른 것처럼 말이야. 꽃마다 피는 계절이 따로 있단다."

노력한 만큼 성과가 나오지 않는 아이에게

하늘은 시련과 행운을 반드시 같이 준다. 시련에 오래도록 아파하고
있다면 행운의 포장을 아직 뜯지 못했을 뿐이다. _박찬호

교실에서 볼 때 가장 안타까운 아이는 200퍼센트 노력하는데,
성과는 그 절반도 채 되지 않는 학생입니다. 이런 경우 눈에 보이
는 성과가 미약해 중도에 포기하지 않을까 걱정되기도 합니다.
반대로 노력은 30만 하는데, 100의 효과를 거두는 학생도 있습
니다. 기억력이 좋거나 공부 쪽으로 재능과 촉을 타고난 아이입
니다. 이런 경우에는 교사인 제가 봐도 '세상은 참 공평하지 않구
나'라는 생각이 듭니다. 또래 친구들은 오죽할까요? 죽어라 노력
하는데 성과가 너무 없으면 무슨 말로 위로를 해야 할지 사실 저
도 고민될 때가 많습니다.

본인이 가장 속상한데 상처에다가 소금을 뿌리고 불난 집에

부채질하는 어머니도 꼭 있습니다. 결과가 좋지 않을 때 실패한 결과를 되씹어봤자 사실은 변하지 않습니다. 그런데 부모가 정말 큰일이라도 난 것처럼 흥분하고 크게 반응한다면 아이는 더욱 심각하게 실패를 되씹어볼 수 있습니다. 이 정도의 좌절쯤은 아무것도 아니라는 태도를 부모가 먼저 보여야 아이도 빨리 힘을 얻고 재도전할 기운을 차립니다.

학교 공부를 잘하는 것은 여러 가지 능력 중에 단 한 가지입니다. 아이가 노력을 안 해서 학과 성적이 오르지 않는 게 아니라 노력해도 부진하다면 더 잘할 수 있는 일을 찾을 수 있도록 도와주는 것이 부모가 해줄 수 있는 일입니다. 어떤 상황에서도 아이를 자랑스러워한다면 자녀는 실제로도 자랑스러운 아이가 되어갈 것입니다.

행복한 아이는 반드시 성공합니다. 성공한 CEO들의 어린 시절을 추적해보니 어릴 때 성적이나 IQ가 높았던 것이 아니라 정서적으로 밝고 행복한 아이였다는 연구 결과도 있습니다. 또한 행복한 사람은 위기 관리 능력도 뛰어나다고 합니다. 그러므로 행복한 아이는 성공할 수밖에 없습니다. 아이의 학업 성적이 저조해서 걱정되는 학부모님일수록 성적이 아닌 자녀의 적성 찾기와 행복에 목표를 두어야 합니다. 어렸을 때 행복한 아이들이 자라서도 성공하며 행복한 사회인으로 살아간다는 것을, 우리는 경험으로 이미 알고 있기 때문입니다.

학부모님들과 상담을 하다 보면 아이가 지난번 대회보다 이번 대회를 더 열심히 준비했는데, 오히려 순위가 떨어져서 본인은 물론 지켜보는 부모님도 속상하다는 말씀을 하십니다. 하지만 성과나 성적이 계속 상승 곡선만 그리면서 승승장구하면 더 없이 좋겠지만 정체 구간도 있고 하향 곡선도 그리는 것이 정상입니다. 아무리 우수한 학생도 계속 상승만 할 수는 없습니다.

저는 이런 부모님께 "우리 아이들은 저평가 우량주들입니다"라며 조금 더 지켜봐주시고 믿어달라는 말씀을 드립니다. 우리나라에 대표적인 우량주인 삼성전자, 현대자동차의 주식은 1주에 100만 원이 넘기도 합니다. 하지만 이런 우량주들도 365일 상승세일 수는 없습니다. 그렇다고 주식을 가진 사람들이 주가가 하루, 이틀 떨어진다고 해서 금세 종잇조각이 될까 두려워하지는 않습니다.

자녀들이 살면서 목표를 이루지 못하고 좌절하고 실패했을 때, 이때야말로 부모님들의 '위로와 격려'가 가장 절실히 필요하고 빛을 발하는 순간입니다. 그런데 이 절명절체의 순간 아이 탓을 하거나 "넌 정말 어쩔 수 없구나" 하는 식의 가능성을 부정하는 말을 하지는 않았는지 반성해볼 필요가 있습니다. "너는 왜 그렇게 잘하는 게 없고 머리까지 나쁘니?"라고 결점을 꼬집는 말 또한 당연히 안 됩니다. "그렇게 노력을 해도 안 되는 거 보니 너는 이쪽으로 재능이 통 없는 것 같다"라는 식의 미래 예언도 조심해야 합니다.

> "넌 안 되겠다. 그냥 포기해!"
> "그런 건 다 관두고 공부에나 신경 써."
> "그러니까 쓸데없는 짓 하고 돌아다니지 말고 공부나 해!"
> "망할 놈의 자식!"
> "너 때문에 내가 미쳐."
> "너 머리는 장식으로 달고 다니니? 어째 그 모양인 7-야!"
> "성적이 왜 그래? 대학이나 갈 수 있을지 걱정이다."
> "엄마 아빠가 너 키우느라 얼마나 개고생 하는지 알아? 그러니까 너는 잔말 말고 공부나 열심히 해."

아이는 임계점을 돌파하기 직전일 수도 있기 때문입니다. 비행기가 이륙하는 데 걸리는 시간은 단 3분입니다. 그렇지만 이때 사용되는 에너지는 전체 사용량의 절반이나 된다고 합니다. 만유인력의 법칙을 극복하고 날아오르는 순간까지 엄청난 에너지가 필요한 것입니다. 우리 아이들도 마찬가지입니다.

미래 예언이 더 무서운 것은 말에는 에너지가 담겨 있기 때문입니다. 한 사람이 우연히 만난 점쟁이로부터 자신은 서울 사대문 안에서 가장 성공한 사람이 될 운명이라는 말을 들었다고 합니다. 사업이 망하고 힘들 때마다 그는 자신이 결국 성공할 사람이라는 것을 잊지 않고 노력해 결국 평생 써도 다 못 쓸 만큼의 부를 축적했다고 합니다. 그래서 점쟁이나 철학가들은 말을 조심해야 한다는 생각합니다.

제 친구가 한 점쟁이를 찾아갔을 때의 일을 말해준 적이 있습니다. 그는 "자네는 꼭 자신의 일을 갖고 그 분야에서 전문성을 키워나가 인정받는 것이 좋다네"라고 말했다고 합니다. 옆에서 듣고 있던 친구의 어머니가 "남자 덕을 못 볼 수도 있다는 말을 저렇게 멋지게 돌려서 말하는 것일지도 몰라"라고 말하셨다고 합니다. 점쟁이든 부모든 한 사람의 인생을 예언할 때는 부정적인 말이 나올 것 같으면 좀더 건설적이고, 긍정적인 방향으로 말해 인생에 힘이 되었으면 합니다.

임용된 지 2년쯤 됐을 때 한 남학생이 너무 속을 썩여 홧김에 "그런 식으로 할 거면 그냥 집에 가!"라고 말한 적이 있습니다. 그 말을 한 순간 아이는 가방을 주섬주섬 챙기더니 교실 밖으로 나갔습니다. 갑자기 선생님이 말을 바꿔 붙잡기에는 체신이 떨어지는 것 같고 어떻게 해야 할지 몰라 당황했습니다. 고민하는 동안 이미 아이는 복도를 걸어 나가고 있었습니다. 어머니가 일을 하시는 분이라 집에 가도 맞아줄 사람도 없는 상황이었습니다. 직장에서 바쁘게 일하고 있는데 담임 선생이 전화하는 것은 아닌 것 같아 결국 반장을 시켜 운동장 한복판에 있는 아이를 다시 데리고 오게 한 일이 있었습니다. 그 아이가 제 말의 의미를 잘못 알아들은 것인지, 그런 척한 것인지는 아직도 잘 모르겠습니다. 하지만 확실한 건 제가 말을 잘못했다는 것입니다. 아이가 해야 할 일을 하지 않고, 속을 썩여도 집에 가라고 한 것은 담임으로서 해서는 안 될 말이기 때문입니다.

작년 학생들에게 엄마의 분노 게이지가 굉장히 높아지면 자신에게 뭐라고 소리치는지 물어보았습니다. 그러자 다수의 대답이 "그딴 식으로 할 거면 학교도 학원도 가지 말고 때려 치워!"라고 대답했습니다. 그리고 또 "그렇게 말했다고 다음날 학원 안 가려고 하면 맞아 죽어요"라고 덧붙였습니다.

자녀에게 축언은커녕 점쟁이도 아니면서 "이런 식으로 살다가는 딱 빌어먹고 살기 좋아. 이 망할 놈아!"라고 미래를 예언하는 부모님도 있다고 합니다. 아마 자녀가 망했으면 좋겠다고 생각하는 부모님은 한 명도 없을 것입니다. 그런데도 화가 나면 이런 말을 서슴없이 내뱉곤 합니다. 그런 어머니께 상담하면서 부탁을 드립니다. 아무리 화가 나도 아이에게 아무 말이나 하지 마시길 바란다구요. 무심코 내뱉은 말이 아이에게는 상처로 남아 오래 갈 수 있으니 말입니다. 하고 싶은 말이 있으면 차라리 거꾸로 말하시라고 했습니다.

"아이고, 이 복 받을 녀석! 복 받을 딸아, 미래에 성공할 아들아!"

그 후 제가 부탁드린 대로 말하다 보니 아이도, 엄마도 함께 웃을 수밖에 없었다는 후일담을 들을 수 있었습니다.

아이가 처음 만나는 사회는 '가정'입니다. 가정에서의 체험과 교육이 아이의 공부 능력과 생활 능력에도 크게 영향을 끼칩니다. 대부분의 부모는 공부 능력을 키우기 위해 주력합니다. 하지만 그보다 더 중요한 것은 생활 능력, 즉 '살아가는 힘'입니다. 공부는 잘하지만 다른 일에는 무능력한 아이에게 생활 능력을 몸에 익히도록 하기는 어렵습니다. 반대로 모든 토대와 생활 능력을 갖춘 아이는 공부 또한 잘할 수 있습니다.

성공하기 위해서 꼭 공부를 잘할 필요는 없지만 분야를 막론하고 시간 경영은 꼭 잘해야만 한다는 생각입니다. 그래서 공부를 못하는 아이에게는 그냥 일기보다는 하루 동안 무엇을 하며 시간을 보냈는지 시간 일기를 써보기를 권합니다. 초등학교 저학년은 말로, 3~4학년이 되면 종이에 써 보기를 권합니다. 다이어트 하는 어머니들께 개인 트레이너들이 식단일기를 꼭 쓰라고 권하는 것과 같은 맥락입니다. 자기 전에 생각하면 별로 다이어트에 나쁜 음식을 먹은 것 같지 않지만 하루하루 기록하다 보면 의외로 식습관이 나빠서 살이 안 빠질 확률이 높습니다.

마찬가지로 노력한 만큼 성적이 나오지 않는 학생들의 경우

책상 앞에 앉아 있는 시간은 길지만 '실제 학습 시간'은 짧은 일이 많습니다. 그래서 시간 일기를 기록할 때는 책상 앞에 앉아 있던 시간과 실제로 학습한 시간을 구별해 쓸 수 있도록 엄마의 지도가 필요합니다.

아인슈타인은 3세가 될 때까지 말을 하지 못했고, 9세에도 글을 읽지 못했다고 합니다. 심지어 고등학교 때에도 공부를 못해서 대학 입학시험에 떨어졌습니다.

생각보다 긴 인생에서 항상 좋은 일만 있을 수는 없습니다. 성과가 썩 좋지 않은 생의 주기가 있기도 합니다. 자녀가 힘들어할 때 부모님이 인내심을 가지고 격려해주어야 합니다. 그때 해준 말 한마디가 자녀에게 평생 힘이 되어줄 것입니다.

Mother's words

★ "성적표를 볼 때마다 엄마는 조금 마음이 아프구나. 성적이 낮아서가 아니라 우리 딸이 실망할까 봐. 난 네가 이것보다 훨씬 잘할 수 있다고 믿기 때문에 크게 걱정하지 않아."

★ "아빠가 다른 건 다 잘했는데, 도형 문제는 정말 모르겠더라. 누가 내 아들 아니랄까 봐. 못하는 부분도 똑같구나."

★ "인생에서 성공하려면 시간 경영을 잘해야 한단다. 오늘부터 엄마는 다이어트를 위해 식단 일기를 쓰고, 너는 시간 일기를 한번 써볼까?"

★ "네가 더 잘할 수 있다는 건 엄마, 아빠도 알고 있어. 점수가 낮게 나

와서 속상한 마음도 알지. 하지만 네가 즐겁고 재미있게 했으면 더 좋 겠어."

★ "네 뒤에는 항상 엄마가 있어."

노력하지 않고 좋은 결과만 기대하는 아이에게

발이 조금 늦다고 반드시 꼴등하는 것은 아닙니다.

자녀가 평소 공부는 안 하고 게임만 하고 놀더니 결국 시험에서 형편없는 성적을 받아오는 경우가 있습니다. 이럴 때 부모님 중 아이 입으로 꼭 "잘못했습니다"라는 말을 듣고 싶어 하는 분들이 계십니다. "얼른 잘못했다고 말해!"라고 반성을 강요합니다. 가장 중요한 것은 시험 결과가 왜 나빴는지 원인을 분석하고 앞으로의 계획과 대책을 세우는 일인데 아이이게 윽박을 지릅니다. 이것은 아이를 위한 것이라기보다 부모 자신이 기분 나쁘다는 것을 표출하는 방법 중 하나입니다.

"엄마는 전혀 노력하지 않은 사람의 점수는 이것보다 높을 수 없다고 생각해. 왜 점수가 이렇게 나왔는지 그 이유를 한번 생각해보자." 이렇게 차분히 말한 뒤 아이 스스로 자신의 행동에 대해 생각해볼 시간을 주어야 합니다.

제가 사는 아파트에 형제가 사는 집이 있습니다. 첫째 아들은 흔히 말하는 전형적인 모범생 스타일입니다. 무엇이든 무던하고 끈기 있게 노력하고 최선을 다합니다. 그렇지만 결과가 안 좋을까 봐 항상 걱정이 많은 소심한 아이입니다. 둘째 아들은 반대로 노력은 별로 하지도 않으면서 이번에 성적이 많이 오를 거라고 말하는 초긍정주의입니다. 노력은 하지도 않고 좋은 결과만을 기대하는 아이를 부모가 봤을 때는 어처구니가 없고 답답합니다. 저 '근거 없는 자신감'은 어디서 나온 것인지 의문스럽기도 합니다. 그렇지만 최선을 다하고도 나쁜 결과를 예상하며 걱정하는 아이도 답답하기는 마찬가지입니다. 물론 노력하고 좋은 결과를 기대하는 사람이 가장 이상적이겠지만 낙관적인 태도도 인생에 큰 도움이 됩니다.

노력한 만큼 성과가 잘 나오지 않는 학생이 가장 안타깝다고 말씀드렸습니다. 반면 노력은 하지 않고 좋은 결과만 기대하는 아이는 얼핏 보면 참으로 얄밉습니다. 실행력은 전혀 없고 요행만 바라는 것처럼 보이기 때문입니다. 그렇지만 좋은 일이 있을 것이라는 기대만으로도 좋은 운을 불러일으킨다는 말처럼 긍정적인 태도는 바람직하며, 때로는 귀엽기도 합니다. 실제로 성공한 사람의 대부분이 자신의 성공 요인으로 긍정적이고 낙관적인 마음가짐을 꼽습니다.

《아이는 어떻게 성공하는가》의 저자 폴 터프(Paul Tough) 또한 아이가 성공하는 데는 뚝심, 호기심, 성실성, 회복탄력성 그리고 낙관주의라고 말합니다. 그러므로 노력이 부족해도 낙관적인 아이들은 성장 가능성이 높다고 긍정적으로 받아들이는 것이 아이나 부모에게 더 좋습니다.

찬찬히 생각해보면 노력했는데 성과가 잘 나오지 않는 학생들은 성적이든 운동이든 앞으로는 무조건 상승곡선을 그릴 것이 틀림없습니다. 노력은 배신하지 않는다는 말은 사실이기 때문입니다. 그렇다면 지속적으로 노력은 하지 않고 좋은 결과와 행운만을 바라는 아이들은 어른들의 관심과 지도가 필요한 것입니다. 사실 교실에서도 이런 '뺀질이형'에게는 상냥하게 대하다가 욱하는 순간 저도 모르게 폭언들을 쏟아붓기도 합니다. 그 후 아이가 180도 달라진다면 보람 있을 텐데 그런 경우는 거의 없었습니다.

노력할 생각이 도통 없는 아이들은 어른들에게 '인내력 테스트'를 시키는 전형적인 유형입니다. 인내력 테스트에서 매번 낙방하는 부모와 교사가 되지 말고 우리도 지혜롭고 현명한 대책을 세워야 합니다. 인내심이 좋다는 것은 그저 가만히 내버려두고 방관한다는 뜻이 아닙니다. 곤란한 일을 만났을 때 어떻게 대처하는 것이 좋을지 신중하게 생각하고 나서 행동으로 옮기는 것을 말합니다.

6학년 담임을 할 때의 일입니다. 정말 공부와는 담을 쌓고도 우리나라 명문대에 진학할 것을 당연하게 생각하던 학생이 있었습니다. 그 아이를 볼 때마다 귀엽기도 하고 안타깝기도 하고 당혹스럽기도 했습니다. 그런데 6학년 2학기부터 정신 차려 공부하더니 성적이 쑥쑥 올랐습니다. 물론 점수가 낮았기에 상승폭이 클 수밖에 없었습니다. 아마 자신의 능력을 스스로 과대평가하고 긍정적으로 바라보았기 때문이 아닐까요.

우리는 부정적인 사람과 있으면 부정적 기운이 전염되는 것을 느낍니다. 반면 긍정적인 사람과 있으면 긍정의 에너지를 충전받을 수 있습니다. 그래서 누구나 어둡고 우울한 사람보다는 밝고 명랑한 사람을 좋아합니다. 저 또한 새로운 친구를 사귀거나 배우자를 선택할 때도 성격이 밝고 긍정적인지를 가장 많이 봐왔습니다. 지성과 능력이 부족해도 밝고 명랑한 사람과 귀한 시간을 함께하고 싶지 아무리 똑똑하고 사회적으로 인정받아도 우울 인자가 높은 사람과는 본능적으로 멀리하고 싶기 때문입니다.

학생들을 대하다 보면, 노력하고도 나쁜 결과만 기대하는 사람보다는 노력의 양이 부족하더라도 긍정을 기대하는 사람이 발전 가능성이 크다는 것을 경험으로 알 수 있었습니다. 이런 학생들에게는 성적 우수상 대신 '앞으로 성적이 오를 가능성을 많이 가지고 있으므로' 발전 가능성상을 엄마가 만들어주는 것은 어떨까요?

단점도 관점을 바꾸면 장점이 됩니다. 아이가 장난이 심한 것을 뒤집어 생각해보면 '활동적이고 역동적이다'는 의미가 될 수 있습니다. 예민하고 신경질적인 아이는 '세심하고 감수성이 풍부하다'로 생각할 수 있습니다. 산만하다는 것은 '호기심이 왕성하다'라고 해석할 수 있습니다.

아이가 알아서 잘할 때만 좋은 말을 해주겠다는 결심을 버려주었으면 합니다. 뺀질거리며 노력이라곤 하지 않는 아이에게도 엄마의 끊임없는 격려가 필요합니다. 아이가 부족한 점이 많을수록 엄마의 역할이 중요합니다.

"너 때문에 미치겠다, 정말."

"엄마 아들인 네가 어떻게 그럴 수 있니?"

"엄마가 몇 번을 말해야 알아듣겠어? 어떻게 된 애가 입이 마르고 닳도록 얘기를 해줘도 그 모양이니?"

"엄마 얼굴에 먹칠을 해도 유분수지."

"도대체 왜 그런 짓을 했니! 두 번 다시 안 하겠다고 약속해!"

"공부 좀 하면 어디 덧나니?"

"도대체 언제가 사람 노릇 할래? 이게 돼지우리지 사람 사는 곳이니?"

학부모 상담을 하다 보면 "선생님, 정말 큰일이에요. 우리 아이가 도통 공부할 생각은 없고 놀기만 좋아해요"라고 말하는 어머니들을 자주 만나게 됩니다. 그럴 때는 요즘은 몰입해서 잘 노는 학생들이 집중해서 공부도 잘한다고 위로해드립니다.

우리 아이들에게 놀이는 가장 중요한 것이며 삶의 큰 기쁨입니다. 초등학생들이 말을 잘 안 들을 때 쉬는 시간에 운동장에 나가서 못 놀게 할 거라고 하면 일순 조용해지며 말을 잘 듣기도 합니다. 놀이를 통해 아이들은 어른 사회에서 일어나는 일들을 모방해볼 기회를 갖게 되고, 그러한 활동을 통해 문제 해결 능력을 기르고 창의력을 키우기도 합니다. 놀다가 친구와 싸우지 않는 것도 좋겠지만 다툼이 일어났을 때 서로의 감정을 이해하고 잘 화해하는 법을 배워가는 것도 중요합니다. 홈스쿨링도 가능한 21세기에 그래도 학교에 다니는 학생이 다수인 이유는 이러한 지혜를 터득하기 위해서일지도 모릅니다.

놀이의 또 다른 중요한 기능은 놀이를 통해 아이들의 마음에 쌓여 있는 일상의 스트레스를 해소하는 것입니다. 매일 학원을 전전해야 하는 스트레스, 성적이 생각만큼 나오지 않는 것에 대한 부담감, 동생과 싸웠는데 자신만 혼났을 때의 서운한 마음은 건전한 놀이나 신체활동을 통해 해소될 수 있습니다.

빌 게이츠가 어렸을 때 백과사전을 독파할 정도로 독서광이었던 것은 아버지가 늘 책 읽기를 강조했기 때문이라고 합니다. 그러면서도 빌 게이츠가 사람보다 책을 더 좋아할 정도로 독서에 빠져들었을 때는 "밖에 나가 놀아라"라고 충고하며, 사교성이 부족해지지 않도록 지도했다고 합니다. 말로만 가르친 것이 아니라 빌을 자주 사교 모임에 데려가 사람들에게 인사시키고 자신이 주최하는 파티 때는 아들에게 웨이터 일을 시키면서 대인관계의 경험을 쌓게 해주었다고 합니다.

　초등학생 자녀가 할 일을 하지 않고 놀고 있으면 "아, 우리 아이가 지극히 정상이구나"라고 생각하시면 됩니다. 교육 강대국으로 유명한 핀란드의 학교에서는 눈비가 오는 날씨에도 아이들이 밖으로 나갈 수 있도록 장화와 우비를 학생 수만큼 준비합니다. 놀랍게도 영하 15도 이하로 떨어지지 않는 이상 교실 밖에서 노는 시간을 우선순위에 두고 있다고 합니다. 선진국에서는 아이들에게 놀 권리가 있다고 굳게 믿고 이것을 지켜주려고 최선을 다합니다. 아이들은 놀이를 통해 세상과 만나고 여러 가지 상황에서의 문제 해결 능력을 배우고 있는 것입니다.

　교실에서 제가 가장 걱정하는 학생은 수업 시간에 주의 산만한 학생이 아니라, 나가서 놀 시간을 주었는데도 친구들과 어울리지 않고 교실에 남아 자리에 우두커니 앉아 있는 학생입니다. 이럴 경우 저는 아이의 건강이나 교우관계에 대해 걱정하기 시작합니다. 몸이 아픈 것이 아니라면 에너지 넘치는 초등학생이 매일 쉬는 시간에도 자리에 앉아 있는 것은 걱정할 만한 일이라고 생각합니다.

실제로 쉬는 시간에 아이들과 잘 노는 아이들이 사회성도 좋고 배려심도 뛰어납니다. 그리고 놀 때의 집중력과 몰입으로 수업 시간에도 똑같이 빠져들게 됩니다. 쉬는 시간에 노는 것이 시들한 아이는 수업 시간에도 의욕이 없습니다. 실제로 놀이는 아이들의 사회성을 기르고 표현력이나 문제 해결 능력, 사고력, 이해력, 상상력, 창의력, 자존감 등을 키우는 효과가 있다고 합니다.

전문가들은 몸을 움직이지 않으면 그만큼 뇌 발달이 지체되고 신체 성장 역시 느려진다고 말합니다. 그래서 주말이나 휴일에는 집에만 있지 말고 아이들과 운동장이나 야외로 나가야 합니다. 아이들은 움직임을 통해 탐구심을 배우고 스트레스를 풀 수 있습니다.

제가 아는 17년차 교사이자, 초등학교 5학년, 2학년 학부모인 선생님은 일주일 중 목요일은 '엄마 잔소리 없는 날'로 정했다고 합니다. 무슨 일이 있어도 잔소리를 안 하기로 했는데 아이들이 그날 해야 할 일을 더 미루는 것이 아니라 자발적으로 할 일을 해놓는 모습을 보고 '잔소리 없는 날'을 지속적으로 실천하고 있다는 말을 해주셨습니다.

모든 직장이 그런 것은 아니지만 매주 수요일은 '가정의 날'이라고 해서 야근은 최소화하고 집으로 빨리 귀가해 가족과 시간을 보낼 수 있도록 하고 있습니다. 이렇듯 일주일 중 하루는 아이들에게도 의미 있고 기분 좋은 '가족 놀이 Day'로 만들어보면 어떨까요?

처음 출발이 빠르다고 해서 마지막까지 빠른 것이 아니며, 출발이 조금 늦다고 해서 반드시 꼴등하는 것도 아닙니다. 사이사이 놀이와 스포츠를 즐기고 있기에 속도는 느려 보이지만 올바른 방향으로 잘 가고 있다면 안심해도 될 것입니다.

Mother's words

★ "엄마도 학창 시절에는 공부가 참 하기 싫더라. 그래서 엄마는 네 마음 충분히 이해해."

★ "우리에게 주어진 시간은 단 한 번뿐이야. 그래서 시간이 소중한 거야. 어떻게 하면 시간을 알차게 보낼 수 있는지 생각해보자."

★ "아들아, 시간은 돈이라는 말이 있어. 엄마는 그 말이 틀린 것 같아. 시간은 돈이 아니라 인생 그 자체란다."

★ "다음에 또 게임이 하고 싶어지면, 어떻게 해야 할까?"

★ "매일 저녁식사 전에 30분 정도 공부하면 엄마는 정말 기분 좋을 거야."

★ "시험 전에 알아서 공부하면 엄마는 정말 기분 좋을 것 같아. 잘할 거지?"

꿈을 찾지 못하는 아이에게

인간의 뇌는 미사일의 자동 유도 장치와 같아서 자신이 목표를
정해주면 그 목표를 향해 자동으로 유도해 나간다. _맥스웰 몰츠

저학년 학부모 상담을 하다 보면 아이들이 꿈이 없어서 고민하
는 분보다 장래희망이 너무 많거나 자주 바뀌는 것에 대해 고민
하는 분들이 많습니다. 지난달에는 꿈이 피아니스트라고 해서 큰
마음먹고 할부로 비싼 피아노를 사줬더니 이번 달에는 레고 디자
이너로 바뀌었다고 합니다. 마트에 있는 레고뿐만 아니라 한정판
레고까지 갖고 싶다고 조르니 어머니는 힘들다고 어려움을 토로
합니다. 제가 보기에는 뭐라도 꿈꾸는 모습이 귀엽습니다.

배우 송혜교는 어릴 때 배운 피겨스케이팅으로 인해 드라마의
한 장면에서 자신 있게 실력을 발휘하는 모습을 보여주기도 했
습니다. 배운 건 남 안 준다는 말은 진리입니다. 꿈을 찾아가는

과정 역시 공부고 경험이란 생각이 듭니다.

학교에서 학생들을 지켜봐도 꿈이 있는 아이는 일상에서 게으르고 귀차니즘이 심한 성향의 아이라도 자신의 꿈과 관련된 일에 있어서는 깜짝 놀랄 만큼 열정적이고 적극적이고 부지런합니다. 한 남학생은 축구선수가 꿈이었는데, 매일 새벽 학교에 와서 축구 연습을 하느라 잠을 줄였다고 합니다. 여가 시간에도 좋아하는 선수의 동영상을 무한 반복해서 보곤 했습니다. 그런 모습들은 무척 대견하면서 지켜보는 사람까지 훈훈해집니다. 제가 존경하는 부장 선생님은 둘째딸이 아직 초등학교 입학 전인 유치원생인데 발레리나가 확고한 장래희망이라서 집 거실에 발레바를 설치했다고 합니다. 가족 여행을 가는 날에도, 명절 때도 하루도 빠짐없이 스트레칭을 하는 유치원생을 보며 꿈은 사람을 강인하고 멋있게 해준다는 것을 알 수 있었습니다. 매일 SNS에 한 번씩 발레 연습하는 사진이 올라오는데 어린아이지만 꾸준히 노력하는 모습이 존경스럽기까지 합니다. 저는 이 멋진 아이가 강수진처럼 멋진 발레리나가 되리라 믿습니다.

고학년 학부모 상담을 하다 보면 "다른 아이들은 다 장래희망이나 꿈이 있다고 하는데 우리 아이는 꿈이 없다고 하니 속이 좀 상하네요. 왜 그런 걸까요?"라고 말하는 어머니들을 자주 만날 수 있습니다. 고학년 학생들이 저학년 학생들보다 보고 배운 게 많고 알고 있는 직업의 종류도 다양한데 와 5, 6학년 학생에게 장래희망을 물으면 "몰라요", "없어요"라고 말하는 아이들이 많은 걸까요? 이것은 부모님들이 꿈이 없고 꿈을 꾸지 않기 때문에 나이가 들수록 세상을 알아갈수록 부모님들의 증상이 전염된 것이라는 진단이 나옵니다.

평소에는 출근하는 시간이라 볼 수 없는 모 방송 프로그램을 겨울방학 때 우연히 보게 되었습니다. 오랜 교직생활을 하다 퇴직을 하고 65세에 800킬로미터 국토 종단을 하고, 67세에는 4,200킬로미터에 이르는 우리나라 해안을 혼자서 도보로 일주해 낸 황안나 씨가 출연했습니다. 1940년생으로 지금 무려 77세입니다. 72세 때 쓴 《엄마, 나 또 올게》라는 책은 4개국에서 발간되어 대만에서 문학 분야 1위를 차지하기도 했다고 합니다. 한국뿐만 아니라 산티아고, 네팔, 몽골, 부탄, 아이슬란드, 시칠리아까지 도전한 그녀는 정말 나이는 숫자에 불과하다는 것을 몸소 보여주었습니다. 끊임없이 도전한 그녀를 보니 저 또한 나이가 많다는 이유로 시작도 하지 않은 일들이 머릿속에 떠오르기 시작했습니다. 그리고 '교직에서 물러난 후 저렇게 끊임없이 꿈을 꾸고 도전하는 삶을 살 수 있을까?' 하는 생각이 들었습니다. 우연히 보게 된 그녀의 삶은 신선한 자극이 되었습니다.

매주 일요일 밤 우리에게 큰 웃음을 선사해주는 〈개그콘서트〉라는 프로그램이 있습니다. 이 프로그램을 보지 않으면 아이들과 소통할 수 없어 정규 방송 시간을 놓치면 유튜브에 가서 인기

코너라도 찾아서 '다시 보기'를 합니다. 출연자 중 저는 특히 박지선이라는 개그우먼을 가장 좋아합니다. 그녀는 명문대 출신으로 대학 4학년 때 친구 따라 임용고시를 준비하다가 불현듯 자신이 무엇을 할 때 가장 행복한지를 생각해 보았고, 개그맨 시험에 응시하게 되었다고 합니다. 요즘은 성공한 사람이 행복한 것이 아니라 행복한 사람이 성공한 시대입니다.

인간의 뇌에는 뉴런이라는 신경세포가 있고 뉴런을 연결하고 있는 부분이 '시냅스'입니다. 이 시냅스가 발달할수록 머리가 좋아집니다. 연구 결과 시냅스는 사람이 즐겁게 두뇌를 사용할 때 가장 효율적으로 개발된다고 합니다. 누구든 좋아하고 즐기는 일을 해야 시냅스가 효율적으로 증가하게 되어 그 분야의 전문가가 될 수 있습니다.

부모님 세대 때는 판사, 검사, 변호사, 의사, 약사 등 흔히 말하는 '사'자로 끝나는 전문직이 사회적인 명성과 부의 상징이었습니다. 그래서 문과에서 성적이 높은 사람은 법대를, 이과에서 성적이 높은 사람은 의대를 진학했습니다.

그렇지만 요즘은 그런 시절이 아닙니다. 그런 과에 진학한다고 해서 부와 명예가 무조건 따라오는 것도 아니고 설령 부와 명예를 갖게 된다고 해도 본인이 행복해야 합니다. 이 모든 것을 알고 있으면서도 왜 부모들은 자녀의 진로를 결정할 때 아직도 저런 학과를 선호하는 걸까요? 이유는 간단합니다. 부모님부터 아이가 무슨 일을 할 때 제일 행복해하는지 관찰하지 않았고 다가오는 미래 시대에 유망 전도한 직업에 대해 모르는 경우입니다. 요즘 가장 성공한 사람은 '자기 일을 하면서 행복한 사람'입니다. 일을 하는 것도 업무가 아니라 놀이처럼 하는 사람들이 그 분야에서 결국 성공하는 모습을 많이 보았습니다.

3월 새 학년, 새 학기가 시작되면 가정환경 기초 조사를 하게 됩니다. 생년월일, 주소, 부모님 휴대전화 번호 등을 적어 오게 되어 있습니다. 요즘은 시대가 변해서 부모님의 직업을 조사하는 것은 대부분 사라졌고, 자신이 원하는 장래희망과 부모님이 원하는 장래희망을 쓰는 칸이 있습니다. 읽다 보면 자녀는 요리사나 건축가가 되고 싶다고 썼는데, 부모님은 무조건 의사, 교수, 판사인 경우도 많습니다. 가장 멋진 대답은 '자녀가 원하는 직업'이라고 쓴 학부모님의 글입니다.

"빌어먹을 놈!"

"네 성적 가지고는 그런 건 턱도 없어!"

"사람은 다 타고나는 그릇이 있는 거야."

"세상에 적성에 맞는 일만 하고 사는 사람이 어디 있니? 일에다 적성을 맞추는 거지!"

"엄마가 너보다 학교도 오래 다녔고 공부도 더 많이 했어! 그러니까 엄마 말대로 해!"

"엄마가 시키는 대로만 하면 자다가도 떡이 나오는 법이야!"

"커서 뭐가 될지 안 봐도 비디오다 비디오!"

학부모님들을 관찰하다 보면 자신의 직업이 마음에 드는 경우 사회적인 명성과 부를 자녀에게 물려주고 싶어 강요하기도 합니다. 반면 자신의 직업이 마음에 들지 않는 경우 자신의 한풀이를 위해 돈 잘 벌고 사회적으로 인정받는 직업을 강요합니다. 그러면서 아이가 꿈을 잃어버린 건 아닐까요?

"그런 직업 가지면 쪽박 차기 딱 좋아", "그 직업은 밥 벌어 먹고 살기 힘들어"라는 말로 아이의 꿈과 희망을 짓밟지 마시길 바랍니다.

Mother's words

★ "넌 뭐든지 할 수 있어! 엄마는 그렇게 믿어."

★ "너에게는 멋진 미래가 기다리고 있단다."

★ "네가 하기 싫다면 억지로 할 필요는 없어. 하지만 하고 싶은 게 있다면 최선을 다해 열심히 해보렴. 엄마가 늘 도와줄게."

★ "살면서 자기가 가장 즐겁게 할 수 있고 잘할 수 있는 일을 찾는 것이 가장 중요하단다. 요즘은 즐겁게 할 수 있는 일을 찾은 사람이 성공한 거야."

★ "네겐 너만의 재능과 개성이 있어. 조금 더디더라도 괜찮아. 조금씩

노력하다 보면, 언젠가는 잘하는 무언가를 찾을 수 있어."

★ "우리나라에도 훌륭한 위인들이 많이 있단다. 누가 있는지 함께 찾아보고 이야기해볼까?"

★ "네 행동과 선택에는 스스로 책임질 줄 알아야 하는 거야."

★ "자신에게 최선을 다하렴. 그게 바로 다른 사람을 돕는 길이란다."

★ "모래시계가 다 끝날 때까지 해볼까?"

★ "긴 바늘이 6에 도착할 때까지 오늘 해야 할 일을 해볼까?"

Chapter 3.

나쁜 습관을 바꾸는 엄마의 한마디

부모에 비해 인생을 3분의 1도 안 살아본 학생들이
모든 일에 능수능란하다면 오히려 자존심이 상할 일이 아닐까요.
엄마표 조급증을 버리고 때로는 알고도 속고, 모르고도 속으면서
아이를 믿어주는 것이야말로 진정 멋진 엄마가 되는 길입니다.

스마트폰에 빠져 있는 아이

공터에 잡초가 자라지 않게 하기 위해서는
농작물을 심고 계속 뽑아야 합니다.

평소 게임에 푹 빠진 학생들을 보면 성격이 급하고 인내력이
부족합니다. 시험 문제를 풀 때도 문제를 대충 읽고 실수하는 경
우가 많습니다. 반면 게임을 배울 기회를 놓친 덕분에 책과 친한
학생의 경우 모르는 것을 틀릴 수는 있지만 급하게 푸느라 실수
를 하는 일은 거의 없습니다.

그럼에도 요즘 부모들이 자녀가 컴퓨터게임하는 것을 일부 용
인하는 이유는 '왕따'가 될 것을 우려해서라고 합니다. 하지만 소
아정신과 전문의이자 두 아들의 엄마이기도 한 천근아 교수는
《아이는 언제나 옳다》라는 책에서 이렇게 말합니다.

"다른 아이들은 다 가지고 있다는 스마트폰을 어찌 안 사주겠 냐며 난감해하는 부모님들도 계십니다. 그런 분들은 자신을 한 번 들여다보세요. 스마트폰이 없다고 아이가 무시당할까 봐 두 려운 마음이 실은 부모에게 있는 것은 아닌지 말입니다."

5학년 담임할 때 아이들은 SNS에서 도대체 어떤 이야기들을 나누는지 궁금해서 '단톡방(단체 카카오톡 채팅방)'의 리더 역할을 하는 아이에게 초대해달라고 지속적으로 조른 뒤 어렵게 들어간 적이 있습니다. 저는 적어도 일주일에 한 번은 과제 이야기나 공 부에 관해서도 대화할 것이라 예상했습니다. 그러나 단체 채팅 방에 올라오는 말들을 보면 기가 막혀 '참~'이란 말밖에 안 나왔 습니다.

의미도 없고 내용도 없는 말을 그렇게 오래 할 수 있다는 사실 도 놀라웠습니다. 담임 선생님이 있어도 속어, 은어, 줄임말이 난 무했습니다. 한 달 정도 인고의 시간을 갖던 저는 시도 때도 없이 울리는 무의미한 말들을 견디기가 힘들어 결국 스스로 단톡방을 나와버렸습니다. 이 일을 경험한 이후 더욱더 스마트폰은 늦게 사줄수록 좋다는 생각이 확고해졌습니다.

애플의 창업자인 스티브 잡스도 생전에 자녀들이 집에서 컴퓨 터 사용하는 것을 엄격하게 제한했다고 합니다. 전 세계에 스마 트폰 문화를 만들어 보급한 사람조차 자녀에게는 컴퓨터나 아이패드의 사용을 자제시킨 것입니다. 〈뉴욕타임스〉는 애플의 아이패드가 처음 출시된 2010년 말 잡스와 했던 인터뷰의 한 대목을 소개했습니다. "아이들이 아이패드를 좋아하나요?"라는 기자의 질문에 잡스는 "우리 아이들은 아이패드를 사용하지 않는다"라고 답했습니다. 놀란 기자에게 잡스는 "아이들이 집에서 IT기기를 사용하는 것을 어느 정도 제한하고 있다"고 덧붙였습니다. 잡스의 공식 전기를 집필했던 월터 아이작슨(Walter Isaacson)도 "스티브 잡스는 저녁이면 식탁에 앉아 아이들과 책, 역사 등 여러 가지 화제를 놓고 대화했다"면서 "아무도 아이패드나 컴퓨터 얘기를 꺼내지 않았다. 아이들은 전혀 기기에 중독된 것 같지 않았다"라고 말했습니다.

잡스 말고도 첨단 기술 기업의 최고 경영자나 벤처 캐피털 사업가 중에는 이와 비슷한 사례가 많다고 합니다. 이들은 학교 수업이 있는 날에는 자녀들에게 모든 기기를 엄격하게 금지하고, 주말에만 시간을 정해 사용하게 한다는 것입니다.

무인 로봇 제조사인 3D 로보틱스(Robotics)의 크리스 앤더슨(Chris Anderson) 대표는 집에 있는 모든 IT 기기에 시간을 제한해놓고, 다섯 자녀가 집에서 사용하는 모든 기기 사용을 '감시'한다고 합니다. 그는 "아이들이 친구들 집에는 그런 규칙이 없다고 항의하지만 우리가 테크놀로지의 위험을 먼저 겪어봤기 때문에 이럴 수밖에 없다"고 말했습니다. 트위터의 창시자 에반 윌리엄

스(Evan Williams)도 IT 기기 대신 두 아들에게 수백 여 권의 책을 읽게 한다고 합니다.

실리콘밸리에 연간 등록금이 2,000만 원에 달하는 발도르프학교가 있습니다. 이 학교 학부모님들의 70퍼센트 이상이 구글, 애플, 마이크로소프트사 등 IT 관련 회사에 근무합니다. 부모들이 첨단 IT 기기들을 만들지만 아이들은 과제를 하기 위해 구글을 검색하는 일은 없다고 합니다. 이렇듯 IT 업계에 근무하는 사람들일수록 테크놀로지에 중독되면 자녀들의 인생은 본인이 생각하는 대로 사는 것이 아니라 선택당하는 삶을 살게 된다는 것을 아는 것입니다.

컴퓨터게임은 순기능보다는 역기능이 훨씬 많습니다. 학생들이 즐겨하는 게임은 빠른 반사신경이나 장시간의 단순 반복 작업을 요구해 지능이 발달하는 데 큰 도움이 안 됩니다. 게임 내용도 폭력적이거나 선정적입니다. 더구나 게임에 빠지면 몇 시간이고 거기에만 빠져 있기 때문에 학습에 부정적인 영향을 미치며, 게임의 폭력성이나 선정성에 무방비로 노출되기 때문에 인성 발달에도 좋지 않습니다. 그렇다고 아이에게 무조건 윽박지르고 협박 해서는 게임하는 것을 막을 수는 없습니다.

"엄마가 지금까지 너한테 해준 것에 비하면 이 정도는 당연한 거야. 엄마가 이런 것까지 고마운 마음을 가져야 하니?"

"사내새끼가 사회성도 있고 리더십이 있어야지 맨날 책벌레처럼 방구석에서 책이나 보고 있으면 성공 못해. 싹수를 보면 알아"

"공부를 누가 시켜서 하니? 네가 알아서 해야지!"

"매일 누워서 책 보니까 시력이 그렇게 나쁜 거 아니니?"

자녀가 게임 중독에서 벗어날 수 있게 하려면 아이가 실천할 수 있을 만큼의 현실적인 목표를 가지고 시간을 줄여 나가야 합니다. 그리고 게임하는 시간을 줄이는 대신 다른 것으로 보상해 주어야 합니다. 또 자녀가 게임하는 시간을 줄이게 하기 위해서는 그것보다 더 재미있고 신나는 것을 제공해야 합니다. 공터에 잡초가 자라지 않게 하기 위해서는 농작물을 심고 계속 가꿔야 하는 원리와 같습니다.

미국 시카고대학은 노벨상 수상자를 가장 많이 배출한 명문 대학으로 유명합니다. 하지만 처음부터 그랬던 것은 아닙니다. 개교 후 초기에는 소문난 삼류 대학이었습니다. 1929년 시카고대학 제5대 총장으로 취임한 로버트 허친스(Robert Maynard Hutchins)는 '시카고 플랜'을 시작합니다.

시카고 플랜이란 세계의 위대한 고전 100권을 줄줄 외울 정도로 읽어야 졸업할 수 있다는 교칙이었습니다. 시카고 플랜이 도입되자 학생들은 졸업하기 위해 어쩔 수 없이 100권의 고전을 읽어야만 했고, 그러는 동안 자신들도 모르게 의식이 도약하기 시작했습니다. 혁명적인 변화가 일어나기 시작한 것입니다. 이러한 고전 읽기 프로젝트를 통해 2000년까지 시카고 대학 졸업생들이 받은 노벨상만 73개에 이른다고 합니다.

4세만 되어도 스마트폰 사용에 익숙하다는 대한민국에서 자녀가 게임보다 책을 가까이 한다면 감사할 일이 아닐까요? 사실 이렇게 되기 위해서는 부모의 노력이 필요합니다. 스마트폰을 쥐어주고 절제해서 사용하길 바라는 것보다 성인이 되기 전까지는 피처폰을 사용하도록 유도하는 것이 바람직합니다. 많은 교육 전문가들과 선배 교사들도 스마트폰은 최대한 늦게 사줘야 한다고 주장하고 있습니다.

친구나 부모와 비교하며 자신만 노인폰을 쓰는 것이 억울해한다면 함께 동참하는 것도 좋습니다.

Mother's words

★ "우리 딸 벌써 독서량이 그 정도니 넌 정말 무슨 일을 하든 그 분야의 전문가가 될 거야."
★ "요즘 아이들은 스마트폰을 끼고 산다는데. 우리 딸은 책을 끼고 사니 엄마가 정말 감사할 일이네."
★ "엄마 아빠도 늘 책을 읽으면서 새로운 것을 많이 배운단다. 네가 열심히 공부하는 것처럼 엄마 아빠도 항상 책을 읽을게."
★ "네 질문이 너무 어려워서 엄마도 잘 모르겠다. 우리 한번 함께 찾아보자."

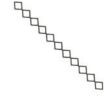

게임에 중독된 아이에게

잘하는 것을 아직 찾지 못했거나 인정해주는 사람이 없을 때
쉽게 게임에 빠져들게 되는 것입니다.

3학년 담임할 때의 일입니다. 부모님께서 굉장히 예의 바르고 사회적으로도 성공해 경제적으로 여유로운 가정이 있었습니다. 어머니도 생각이 깨어 있고, 사회활동도 활발히 해서 그런지 학부모 면담 시간에 나눈 대화 자체가 무척 즐거웠습니다. 그런 부모님의 밑에서 자란 아이다 보니 인사성이 좋고, 자존감도 높고 진취적인 자세를 가지고 있었습니다. 단 한 가지 치명적인 단점이 있었는데 바로 게임 중독이었습니다. 왜 이렇게 심각하게 게임에 중독되었는지 한동안 관찰해 보았습니다.

어머니가 회사에서 간부직이다 보니 바쁜 업무로 인해 외동인 아이가 집에 혼자 있는 시간이 길었습니다. 혼자 있는 시간의 외로움을 게임으로 채웠고, 결국 중독되고 말았습니다. 더 안타까운 것은 수업 시간에 학습 태도도 점점 엉망이 되고, 40분의 수업 시간 동안 집중하는 시간은 10~15분 정도밖에 되지 않았다는 것입니다.

매일 2시간 30분 이상 컴퓨터게임을 하는 사람은 마약 중 하나인 코카인에 중독된 사람들과 유사한 뇌신경학적 메커니즘을 보인다는 연구 결과가 있습니다. 그 아이는 1학년 때부터 하루에 두 시간 이상 자극적인 게임을 하고 있었으니 수업 시간에 집중도가 떨어지는 것은 어쩌면 당연한지도 모르겠습니다. 어머니와 담임 선생님인 제가 게임 중독을 고쳐 보려고 애를 썼지만 습관을 고치기란 여간 어려운 것이 아니었습니다. 그 후 전학을 갔지만 아직도 그 아이를 생각하면 걱정이 됩니다.

컴퓨터게임은 너무나 강력한 자극이기 때문에 대체할 만한 것을 찾기 무척 어렵습니다. 그 학생처럼 컴퓨터게임에 중독된 아이들을 보면 공통된 특성이 있습니다. 자신이 잘하는 무언가를 찾아 누군가로부터 관심 받고 인정받고 싶어 하는 욕구가 강하다는 것입니다. 그리고 잘하는 것을 아직 찾지 못했거나 인정해 주는 사람이 없을 때 쉽게 게임에 빠지게 되는 것입니다.

"또 시작이네!"

"나도 이제 더는 못 참아!"

"너 지금 엄마한테 반항하는 거지?"

"너 엄마를 짜증나게 만들려고 작정을 했구나!"

"매일 게임만 하면 어떻게 하니!"

"아직도 거기서 게임하고 있니?"

좋은 습관은 힘들게 오지만 편하게 살아가게 해주고, 나쁜 습관은 쉽게 오지만 어렵게 살아가게 만듭니다. 그래서 아이들에게 잔소리만 할 것이 아니라 삶을 살아가는 데 필요한 단기 계획과 장기 계획을 함께 세우고, 끊임없이 격려해줄 사람이 필요한 것입니다. 그 역할은 당연히 부모가 해야 하고 적임자입니다.

게임 중독 이외에도 자녀에게 고쳐주고 싶은 습관이 있다면 잔소리 대신 100일 프로젝트를 시작해 보시기 바랍니다. 오늘부터 100일 뒤를 아이와 함께 달력에 표시하고 서로 한 가지씩 노력해서 고쳐 나가는 것입니다. 그러다 보면 차츰차츰 변화되는 아이의 모습을 볼 수 있을 것입니다.

특히 아이에게 독서하는 습관을 길러주고 싶다면 함께 책을 읽고 손잡고 도서관을 가야 합니다. 이것이 바로 유대인 교육 '하브루타'식 독서법의 기본이기도 합니다.

호주에 가 보니 대형 쇼핑몰과 마트 건물에 서점이 아닌 시립 도서관이 함께 있었습니다. 그래서 마트에 장을 보러 갈 때마다 책을 대출하고 반납할 수 있어 정말 편리했습니다. 핀란드에도 대형 쇼핑몰 내에 어린이 도서관이 자리 잡고 있다고 하니 우리나라에도 이런 시스템이 하루 빨리 이루어졌으면 합니다.

도서관과 친하게 지내는 '습관'을 물려준다면 그 아이는 어떤 일을 하든 어디에서 살든 멋있는 사람이 될 거란 기대를 해봅니다. 자녀를 훌륭하게 키워내고 '엄마학교'를 운영하시는 서영숙 씨를 만난 적이 있습니다. 아이들과 함께 책을 읽고 공부했더니 아이들이 혼자 해외 여행을 가서도 그 나라의 서점을 찾는다는 멋진 이야기를 들려주셨습니다.

그 후 작심삼일은커녕 작심 하루도 어려운 우리 아이들을 어떻게 지도해야 할지 고민해보았습니다. 습관은 천 번, 만 번의 연습이 필요합니다. 1퍼센트라도 변했다면 좋아진 걸로 하는 것은 어떨까요? 아이는 계속 발전하는 중입니다. 100일이든 1,000번이든 넉넉한 시간과 기회를 주고 그 기간 동안 끊임없이 칭찬하는 것이 좋습니다. 잔소리를 퍼붓기보다 중간에 실패해도 다시 시작할 수 있도록 격려해주는 것이 교사와 부모의 역할이기 때문입니다.

Mother's words

★ "게임하는 거나 TV 시청은 재미있지만 수동적인 자극이라서 생각할

수 없게 만들어. 그래서 머리가 나빠져. 전혀 토지 말라는 이야기가 아
니라 선별하고 선택해서 보면 좋겠어."

★ "우리 아들은 게임도 순발력 있게 잘하네. 하지만 스스로 정한 시간은
지키도록 하자."

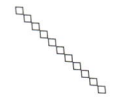

욕을 많이 하는 아이에게

아무리 욕을 많이 하던 아이도 가정에서 부모님이 서로 존중하고
배려하는 언어를 사용하면 점점 빈도가 낮아지게 됩니다.

자녀 교육을 주제로 강의를 갔을 때도 이런 질문을 받은 적이
있습니다.

"우리는 집에서 욕을 전혀 쓰지 않는데 아이가 학교에 가서 친
구들 사이에서 욕을 쓴다고 담임 선생님께 전해 들었습니다. 너
무 부끄럽기도 하고 아들을 어떻게 지도해야 할지 난감합니다.
어떻게 해야 할까요?"

학교에서 일어나는 심각한 폭력 사건의 발단을 찾아보면 참으
로 사소한 일일 때가 많습니다. 복도에서 친구의 어깨를 실수로
툭 치고 지나갔는데 미안하단 말을 하지 않았다는 이유로 뼈에
금이 갈 정도로 큰 싸움이 벌어진 경우도 보았습니다. 그리고 제

가 가장 많이 경험한 폭력적인 싸움의 원인은 혼잣말처럼 한 욕을 자기에게 한 줄 오해하고 주먹질을 한 일입니다. 다른 일로 짜증이 나서 허공에 대고 한 욕을 평소 감정이 별로 좋지 못한 친구가 자신에게 한 것이라고 착각하고 만 것입니다. 어쩌다 습관적으로 내뱉은 욕으로 인해 학교 폭력 위원회가 열리고 부모님끼리도 큰 소리가 오가며 서로 고소를 하겠다는 경우도 있었습니다. 실제로 법원까지 가는 사례도 많이 있습니다. 그래서 부정적인 언어나 욕을 사용하는 아이를 평소에 지도하지 않으면 더 큰 사고가 발생할 수 있기 때문에 예방 차원에서도 관심을 가지고 가르쳐야 하는 것입니다.

무엇보다도 욕을 자주 하면 본인의 뇌건강과 인성에 좋지 않습니다. 에모토 마사루(江本勝)라는 일본 학자가 쓴 《물은 답을 알고 있다》라는 책을 보면 물에 '사랑합니다, 고맙습니다' 등의 말을 들려주고 물의 결정 사진을 찍으면 꽃처럼 아름다운 형상이 나타나는 것을 볼 수 있습니다. 반면 '짜증나, 죽어버려'처럼 부정적인 말을 들려주면 결정의 모양이 찌그러지며 아름답지 못했습니다. 사람의 몸도 70퍼센트는 물로 이루어져 있기에 평소 사용하는 언어가 우리의 몸과 마음을 지배한다고 할 수 있습니다. 말에는 사람을 살리거나 죽일 수 있는 '에너지'와 '파동'이 있기 때문입니다.

교실에서는 당연히 욕이 허용되지 않습니다. 그렇지만 "에이

씨, 나쁜 놈"정도로는 큰일이 난 것처럼 야단을 치며 반성문을 쓰라고 하지는 않습니다. 방송에도 심의가 있듯 담임인 저에게도 자체적으로 욕설 심의라는 것이 있습니다. 위의 두 가지 이상의 욕을 하는 경우는 아무래도 교육상 한마디 하고 지도하는 것이 당연하다는 생각입니다.

쉬는 시간 교실에 앉아 있으면 남자아이들이 제가 자리에 없는 줄 알고 욕을 하면서 들어올 때가 있습니다. 그러면 불러서 주의를 주기도 하고, 반성문을 쓰게도 합니다.

> "애완동물을(강아지를) 데려다가 키웠어도 너보다는 낫겠다."
> "멍청한 놈이(공부는 못하는 놈이) 욕은 잘하네."
> "넌 참 어떻게 할 수 없는 놈이구나."
> "욕 쓰는 것까지 지 애비랑 똑같네. 똑같아. 둘 다 꼴 보기 싫어."

물론 지속적으로 욕을 할 때는 엄하게 대응해야 합니다. 하지만 일시적으로 쓴다면 "멋진 남자, 멋지게 말하자!" 하고 짧게 주의를 주는 것도 좋습니다. 길게 잔소리를 하거나 엄하게 벌을 주는 것은 부모님에 대한 반감만 키울 수 있기 때문이지요. 저는 그래서 학생들에게 잔소리를 하다가도 "그래, 잔소리는 여기까지 할게"라고 말합니다. 그러면 그동안 귀를 닫고 멍하게 앉아 있던 아이들의 눈빛이 되살아납니다. 잔소리가 결코 아이들을 변화시키지 못한다는 증거이기도 하죠. 그럼에도 불구하고 잔소리를 안 할 수는 없습니다. 만약 하게 된다면 짧고 임팩트 있게 하는 게 오히려 효과적입니다.

또 아이의 욕 사용을 줄이는 방법은 바로 가정에서 올바른 언어 사용을 하는 것입니다. 아이들은 크면서 친구나 또래집단, 태권도장에서 알게 된 상급생, 형, 형의 친구들로부터 욕을 많이 배우고 쓰게 됩니다. 특히 남학생의 경우 욕하는 게 자신을 강하게 보이는 수단이자, 자기 방어적 표현이기도 합니다. 그래서 일시적으로 욕을 하는 시기가 있기 마련입니다.

하지만 아무리 욕을 많이 하던 아이도 가정에서 부모님이 서로 존중하고 배려하는 언어를 사용하면 점점 빈도가 낮아지게 됩니다. 그러다가 어느 날부터 욕을 사용하지 않게 됩니다. 설령 쓴다고 해도 상대방이 화가 나서 주먹을 불끈 쥐게 하지는 않습니다.

반면 집에서 부모님이 어릴 때부터 욕을 과격하게 사용하는 분위기에서 자란 아이는 상대가 모욕감을 느끼게 하는 뉘앙스로 말합니다. 그것이 발단이 되어 싸움이 자주 일어나는 것입니다. 또래 집단에서 하나를 배우면 두세 가지 욕을 쓰고, 지속적으로 사용하는 아이들이 문제입니다.

부모님들께 아이가 욕을 많이 쓴다고 하면 "우리 애가 욕을 할 줄 모르는 아이인데 학교에서 배웠어요"라고 말씀하시기도 합니다. 하지만 단어는 또래 집단에서 배워 흉내 낼 수 있지만 모욕적인 뉘앙스는 사투리처럼 가정에서 조기교육이 되지 않는 이상 표현하기 어려운 것이 사실입니다.

기저귀를 차고 있는 아기도 부부가 언성을 높이며 싸우면 오줌에서 스트레스 받을 때 나오는 호르몬 성분이 검출된다고 합니다. 갓난아기도 그러한데 말을 다 알아듣는 초등학생들 앞에서 부모가 욕을 쓰며 싸운다면 얼마나 불안할까요?

자녀들 앞에서 부부싸움을 하지 않는 것이 최선이고, 그것이 어렵다면 바람직한 언어로 의사소통하는 모습을 보여주어야 합니다. 현명하게 잘 싸우는 모습을 보여주는 것도 교육입니다. 친구들과 갈등이 생겼을 때에도 화를 과도하게 내거나 사소한 일로 토라지거나 우는 식의 감정 표현은 학교생활을 힘들게 할 수 있기 때문입니다. 화가 났을 때 무조건 참는 것보다 적절한 방식으로 자신의 감정과 생각을 표현하고 상대방과 합리적으로 조율하는 방법도 부모님을 통해 배워야 할 덕목 중 하나입니다.

Mother's words

★ "예쁜 입에서 예쁜 말만!"
★ "우리 공주님, 예쁜 외모에 어울리는 말을 써야지."
★ "말 속에 씨앗이 있기 때문에 '말씨'라고 하는 거야. 말 속에는 그 사

람의 인품과 영혼이 들어 있기 때문에 최대한 곱고 예쁜 말만 써야 하
는 거야."

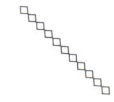

모든 일을 대충 하는 아이에게

대충 하는 습관을 대충 넘어 가면 절대 고쳐지지 않습니다.

보통 교사는 "왜요?"라고 지속적이고 반복적으로 묻는 학생이 달갑지만은 않습니다. 교사도 답을 모르는 경우가 있는가 하면 너무나 당연한 일에 "왜요?"를 남발하면 사실 피곤해지기 때문입니다. 그렇지만 "왜?"라는 질문을 잘 던지는 학생은 매사에 호기심과 궁금증이 많은 아이입니다. 당연한 일에도 질문을 던지는 경우 탐구심이나 문제의식이 높은 사람입니다. 호기심이 많아야 인생의 다양한 경험을 얻을 수 있습니다.

공자 가문에서 가장 강조한 자녀 교육 원칙은 '질문을 많이 하는 공부 습관을 갖게 하라'라고 합니다. 그만큼 세상에 호기심을 갖고 모든 일을 당연하게 받아들이지 않는 탐구심은 살아가는

데 매우 중요한 덕목입니다.

"너는 하다가 포기하잖아"

"네가 잘하는 건 도대체 뭐니?"

"머리는 장식품으로 달고 다니니?"

"나도 이젠 지겨워! 공부하라는 소리도 지겨워!"

"엄마가 숙제부터 하고 놀라는 말, 한 번만 더 하면 100번이다!"

아이들과 함께 생활하다 보면 얼굴도, 이름도 다 다르지만 한 가지 공통점이 있습니다. 모든 학생에게 장점이 있고, 모든 학생에게 단점이 있다는 것입니다. 아이는 누구나 장점과 단점이 융합되어 있습니다. 단점만 있는 학생도, 장점만 있는 학생도 없습니다.

모든 학생들이 자신만의 장점을 가지고 있지만 교사도 사람인지라 스스로 공부하는 습관, 독서 습관, 생활 습관, 관계 맺기의 습관 등 여러 가지 면에서 좋은 습관을 많이 가지고 있는 아이들에게 더 관심이 가는 것도 사실입니다. 어른인 제가 가장 부러워하는 학생은 저보다 더 좋은 습관을 많이 가지고 있는 경우입니다.

수업 시간에도 자기가 할 수 있는 최선을 다하는 학생이 있는가 하면 대충 하는 학생은 항상, 뭐든지 대충합니다. 저는 만나는 학생들에게 사람 몸속에 사는 기생충 중 가장 무서운 것이 '대충'이라고 강조합니다. 그래도 몇 명의 아이들은 대충 하는 습관을 버리지 못합니다. 매사 최선을 다하는 것이 습관화되어 있지 않기 때문입니다.

정리정돈을 잘 못하거나, 해야 할 일을 늘 미루기, 심한 편식, 늘 자신만 생각하기 등이 몸에 밴 아이를 지도하는 것이 가끔은 벅차고 힘들 때가 있습니다. 하지만 이보다 더 힘든 것은 모든 일을 대충 하는 아이입니다. 하지 않는 것도 아니고, 하는 것도 아니고 이런 아이는 어떻게 지도해야 할지 참 어렵습니다. 사실 수학시간에 최선을 다해 탐구하고 공부하는 학생은 미술시간 만들기를 해도 대충은 없습니다. 끝까지 더 완성도 있게 만들기 위해 노력합니다.

교실에서 무엇을 하든 대충대충 하는 유형의 학생들이 꼭 있습니다. 저도 처음에는 매사 꼼꼼하게 하는 것도 유전이라 생각하고 "이왕 할 거 제대로 하자"라고 잔소리하고 넘어갔기 때문에 대충 하는 습관을 고쳐주지 못했습니다. 그런데 학생들과 1년을 생활해 보니 좀 대충 해도 될 것 같은 아이들은 사소한 일부터 중대한 일까지 매사 최선을 다해 더 좋은 성과를 얻었고, 항상 대충 하는 아이들은 무슨 일을 하던지 '중간만 하면 돼', '선생님한테 혼나지만 않으면 돼'라는 생각이 깊게 새겨져 있는 것을 보고 계속 방치할 일이 아니라는 생각이 들었습니다.

저학년의 경우 아이들이 손에 힘을 줘 색칠하고 글씨를 써야 손 근육이 발달하기 때문에 색칠공부와 바른 글씨 쓰기를 많이 합니다. 원래는 반 학생이 25명이면 25장만 복사하는데 상습적으로 대충 하는 아이들을 위해 넉넉하게 30장 정도를 복사했습니다. 색칠공부와 바른 글씨 쓰기를 대충 빨리 해서 오면 잔소리하는 대신 똑같은 것을 다시 주어 제대로 해야 통과시켜주었습니다. 그러자 '똑같은 것을 다시 하느라 쉬는 시간에 못 노느니 한 번에 제대로 해야겠다!'라고 생각하기 시작했습니다.

학습지나 시험지를 대충 푸는 고학년 학생들에게는 새로운 학습지를 풀게 하는 것이 아니라 똑같은 시험지를 지속적으로 주자 아이들의 태도가 달라졌습니다. 이때 아이들이 짜증을 내도 끝까지 포기하지 않고 집요하게 똑같은 것을 제대로 할 때까지 기다리는 끈기가 필요합니다. 대충 하는 습관을 보고도 대충 넘어가면 절대 고쳐지지 않습니다. 아이들의 미래를 위해 한 가지를 하더라도 차근차근 끝까지 자기 손으로 마무리할 때까지 기다려주도록 해야 합니다.

세상에서 가장 아름다운 빛깔의 도자기인 고려청자가 구워지는 온도는 섭씨 1,250도라고 합니다. 우리 몸의 온도는 36.5도일 때 건강한 것이지만 열정의 온도만큼은 1,250도까지 올릴 수 있는 아이로 키우고 싶습니다. 이 마음은 아마 부모님이 더할 것입니다. 그러려면 아이가 서툴더라도 조급해하지 말고 기다려줄

수 있어야 합니다. 그러면 아마 어떤 아이든 대충이 아닌 최선을
다해 자신의 인생에서 가장 아름다운 빛깔을 낼 수 있을 거라고
생각합니다.

Mother's words

★ "세상에 사소한 일이란 없단다."
★ "세상에 별것도 아닌 일은 없단다."
★ "모든 일에 최선을 다하면 값진 결과를 얻을 수 있단다."

거짓말을 자주 하는 아이에게

알고도 속고, 모르고도 속으면서 자녀들을 믿어주는
멋진 엄마가 되었으면 합니다.

한국 엄마와 미국 엄마를 비교한 다큐멘터리를 본 적 있습니다. 아이들에게 글자를 주고 단어를 맞추는 게임이 과제였습니다. 미국 엄마들은 옆에서 아이들을 지켜보기만 합니다. 반면 한국 엄마들은 아이에게 힌트를 주거나 글자의 순서를 맞춰주기도 합니다. 손을 대면 안 된다는 규칙을 상기시키자 한국 엄마는 손으로 모양을 만들어 도와줍니다.

실험이 끝난 뒤 엄마들의 인터뷰가 인상적입니다. 미국 엄마들은 아이에게 관여하지 않으려고 노력했다고 말하고, 한국 엄마들은 힌트를 주거나 몸짓으로 답을 알려주었음에도 아이를 도와주지 못해 안타까웠다고 말합니다. 자신이 자녀의 일에 얼마나 많이 관여하고 있는지 알아채지 못하는 모습입니다.

　게다가 이 자료를 한국 엄마들에게 보여주고 미국 엄마들에 대해 질문하면 한국 엄마들은 "미국 엄마들은 아무것도 안 했습니다"라고 대답합니다. 조금만 더 깊게 생각해보면 미국 엄마들은 아무것도 안 한 것이 아닙니다. 아이에게 참견하고 간섭하지 않으려고 '엄청난 노력'을 하고 있었습니다. 가르쳐주고 싶은 마음을 참고 지켜보고 있었던 것입니다. '기다려주기'를 못하는 한국 엄마, 아이가 스스로 문제를 해결할 수 있도록 기다려주는 능력을 길러보도록 하는 건 어떨까요?

　자식이 자력으로 자기 일을 처리할 수 있는 힘을 길러주는 것이야말로 최고의 가정교육임을 새삼 깨달을 수 있었습니다. 어린 아이들도 엄마가 도와주지 않을 것이 확실하면 스스로 생존의 길을 찾습니다. 이런 과정을 거쳐야 온실 속 화초들은 야생화로 거듭나면서 더 단단해집니다. 문제를 해결하기 위해 고민하고 생각하며 정답을 찾아가는 과정은 아이의 몫입니다. 엄마의 역할은 자녀들을 지켜보며 '격려'하는 것입니다. 아이를 잘 키우기 위해 무언가를 하고 싶다면 자녀가 스스로 할 기회를 빼앗는 것이 아니라 독립적으로 해결할 기회를 주어야 합니다. 수많은 자녀 육아서와 교육서를 읽었을 때 가장 자주 나온 단어는 '스스로', '칭찬', '믿어주기' 이 세 단어였습니다.

　교실에서 저와 친구들을 힘들게 하는 친구가 한 명 있었습니다. 같이 장난을 치다가도 자기 마음에 안 들면 친구의 배를 발로 차고 폭력으로 문제를 마무리했습니다. 야단도 치고 반성문도 쓰게 하고 어머니께 연락드려 도움도 요청했지만 별로 효과가 없었습니다. 마지막에 체념 비슷한 마음으로 "선생님은 ○○이를 믿어! 왠지 앞으로는 안 그럴 것 같아"라고 말하자 같은 반 아이들이 "선생님, 괜한 기대하지 마세요. 평소 ○○이를 한 번 생각해 보세요"라고 말했습니다. 그때도 "얘들아, 우리 속더라도 ○○이를 믿어주자"라는 말을 했습니다.

믿음이란 어떤 의미일까요? 그 아이는 저의 넋두리 같은 믿음이라도 저버리기가 힘들었나 봅니다. 그 이후로 친구들을 힘들게 하는 폭력성이 현저하게 줄어들었습니다. 이 일로 사람 사이의 무조건적 믿음이 어떤 힘을 가지는지 다시 한 번 생각하게 되었습니다.

상담을 하다 보면 유독 아이가 집에서 빈둥거리는 모습을 보면 스트레스를 받는다고 하는 어머니들이 있습니다. 저도 일주일에 하루 정도는 화장도 안 하고 이불과 한 몸이 되어 시체놀이를 하고 싶을 때가 있습니다. 어머니들도 인터넷쇼핑을 하거나 커피 한잔할 시간이 필요하듯이 아이들에게도 재충전의 시간과 여유가 필요합니다. 휴식을 취할 수 있는 여유를 주어야 평일에 규칙적인 생활을 오래 지속할 수 있습니다. 자신만의 시간을 가져야 그 시간 동안 계획을 세우는 것도 가능합니다.

어떤 사람이 고치에서 나방이 빠져 나오는 모습을 보고 있었다고 합니다. 좁은 구멍을 통해 온 몸을 비집고 나오려는 나방의 모습이 보기에 안쓰러워 칼로 구멍을 좀 터줬습니다. 그 덕분에 나방은 손쉽게 고치에서 나왔지만 날개를 제대로 펼 수 없었고, 결국 하늘을 날 수 없었습니다. 좁은 통로를 빠져나오기 위해 오롯이 나방 혼자 고통을 이겨내고 스스로 뚫고 나오는 인고의 시간이 필요했던 것입니다.

공부도 많이 하고, 사회적으로 성공하고, 야무진 엄마일수록 '속더라도 믿어주자'가 더 어려울지 모르겠습니다. 저 또한 아이들의 거짓말이 빤한데도 속아주는 일이 쉽지는 않습니다. 뭔가를 하는 폼이 어설프고 못미더워 속에서는 안달이 나지만 "잘해내는 중이네"라는 말을 하며 꾹꾹 참을 때가 많습니다. 부모에 비해 인생을 3분의 1도 안 살아본 학생들이 모든 일에 능수능란하다면 오히려 자존심이 상할 일 아닐까요. 엄마표 조급증을 버리고 때로는 알고도 속고, 모르고도 속으면서 아이를 믿어주는 것이야말로 진정 멋진 엄마가 되는 길입니다.

Mother's words

★ "세상 사람이 다 아니라도 해도 엄마는 무조건 널 믿어. 엄마가 안 믿으면 누가 믿어주겠니!"

★ "나는 널 믿어."

★ "엄마에게 믿음을 주어서 고마워."

★ "너 스스로 문제를 해결하는 걸 보니 엄마는 정말 뿌듯하다."

★ "공부도, 청소도 이제 엄마 도움 없이도 척척 잘하는구나."

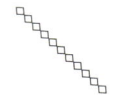

약속을 안 지키는 아이에게

아이들도 자신을 진심으로 사랑하고 인정해주는
사람과의 약속은 본능적으로 지키려고 노력합니다.

교실에서 아이들이 너무 어이없는 거짓말을 천연덕스럽게 해서 깜짝깜짝 놀랄 때가 있습니다. 가장 기억에 남는 것은 급식소에서 자신이 좋아하지 않는 브로콜리나 시금치가 나오면 젓가락으로 집어 일부러 옆 친구 자리에 떨어뜨리고 실수로 그랬다고 하는 경우입니다. 제가 대각선 자리에서 모든 장면을 목격한 것을 모르는 아이는 끝까지 먹다가 흘렸다고 시치미를 뗍니다. 그뿐만 아니라 친구의 급식판에 침을 뱉고도 자기가 하지 않았다고 거짓말하는 경우도 있었습니다.

아이들이 아직 상황 판단이 미숙하고 문제 해결 능력이 부족하다 보니 자신도 이 일을 어떻게 대처해야 할지 몰라 본의 아니게(?) 거짓말을 하는 경우도 종종 있습니다. 예를 들면, 일기를 썼는데 가져오지 않았을 때 사실대로 말을 못하고 일기장이 아닌 다른 노트를 제출합니다. 그 아이의 말을 천천히 들어보니 너무 당황해서, 교사인 저에게 어떻게 설명해야 할지 몰라서 그런 것이었습니다.

지금은 아이들이 자라면서 겪게 되는 일이라고 받아들이지만 저 또한 초보 교사일 때는 말도 안 되는 거짓말에 불같이 화를 내며 이성을 잃은 적도 있습니다. 아이의 심정을 정확하게 이해하지 못하고 정황상 어른인 저를 우습게 보고 말도 안 되는 거짓말을 한다고 오해했기 때문에 더 분노했던 것입니다.

요즘은 교실에서 학생이 거짓말을 하면 한두 번은 속는 척하다가 세 번째가 되면 화를 내지 않고 차분하게 말합니다. "선생님이 두 번은 모르는 척 넘어가면서 앞으로는 안 하겠지 하고 계속 ○○이를 믿었어. 그런데도 계속 반복되고 있으니 선생님도 이제 어떻게 해야 할지 고민되네. 선생님은 앞으로도 너를 계속 믿기 위해서는 네가 어떻게 행동하는 것이 좋을까?" 그러면 아이들이 굉장히 미안해하고 앞으로 그러지 않겠다고 약속합니다. 그 후 대부분 자신이 한 약속을 지킵니다.

약속을 잘 지키는 부모를 보고 자란 아이는 약속은 '꼭 지켜야 하는 것'이라고 생각합니다. 그렇지 않은 경우 당연히 약속은 내 편의대로 깰 수도 있다고 생각하게 됩니다. 그렇기 때문에 아이와 한 약속은 사소한 것이라도 잘 지켜야 합니다.

비난과 비판이 다르듯이 부모님이 화를 내는 것과 훈육하는 것은 본질적으로 많이 다릅니다. 화내는 것이 감정적으로 흥분해 아이를 비난하고 화풀이하는 것이라면, 훈육하는 것은 아이가 알아들을 수 있도록 근거를 들어 논리적으로 설명하는 것입니다. 화내기가 즉흥적인 것이라면 훈육은 준비하고 계획한 것이어야 합니다.

"엄마가 거짓말은 무조건 나쁜 거니까 하지 말랬지! 또 거짓말하면 엄마한테 맞을 줄 알아."

"감히 어디 부모한테! 한심한 놈. 나가 죽어라."

"너 엄마 미치게 하려고 작정했어?"

"너 엄마 열 받게 만드는 법 학원에서 배웠니?"

"너 엄마 성격 테스트 하니? 너 때문에 엄마가 명대로 못 살지."

"인생이 걱정이다. 걱정!"

"지금 당장 TV 끄고 숙제 안 하면 엄마 TV 가져다 버린다!"

"저놈의 컴퓨터를 버리든가 해야지. 게임하는 꼴 보기 싫어서 살 수가 없네."

예를 들어 "이 한심한 놈아, 너는 왜 맨날 그 모양이니?"라는 인신 공격적 발언은 화를 내는 것에 가깝습니다. "더 좋은 방법은 없었을까? 엄마는 네가 다른 방법을 찾아보지 않고 그렇게 행동한 것이 조금 안타깝구나. 엄마가 객관적인 눈으로 봤을 때 이번 일은 잘못한 것 같아", "너 자체가 잘못되었다기보다 너의 그 잘못된 습관은 고쳐야 할 필요가 있다는 생각이 드는구나"라고 말하는 것이 훈육하는 것입니다. 물론 훈육할 때는 단호하고 명확한 어조로 해야겠지만 감정적으로 분노하거나 폭발해서는 안 됩니다.

하라사카 이치로가 쓴 《남자아이는 대체 왜 이럴까?》라는 책이 있습니다. '위험한 행동을 자주 한다, 지저분한 행동을 많이 한다, 정리를 못해 항상 엉망이다, 절대 원래대로 해놓지 않는다, 얌전히 있지 못한다, 야단맞은 일을 또 한다, 금방 옷을 더럽힌다, 고추를 자주 만진다, 거친 말을 쓴다, 곤충이나 파충류를 키우고 싶어 한다' 이런 것들이 이 책을 구성하고 있는 목차 제목입니다.

실제로 이런 남자아이들이 얼마나 많으면 이런 상황별 대처법을 제시하고 있을까요? 목차만 봐도 아들 가진 엄마들과 공감대를 충분히 형성합니다. 남자아이들과 반대로 여성들은 '깨끗하고 청결하며 아름다운 것'을 선호하기 때문에 둘 사이의 간극이 더 큰 것입니다. 그래서 '화성에서 온 엄마, 금성에서 온 아들'이라는 표현까지 생겨나고 있습니다.

교실에서 오랫동안 아이들을 가르쳐본 경험상 충분히 대화하고 선택권을 주었을 때, 민주적인 분위기에서 정한 약속을 이유

없이 반복적으로 어기는 아이를 본 적이 거의 없었습니다. 아니 전혀 없었다고도 볼 수 있습니다. 아이들도 자신을 진심으로 사랑하고 위해주고 인정해주는 사람과의 약속은 본능적으로 지키기 위해서 노력합니다. 자녀가 반복적으로 약속을 지키지 않는다면 아이의 감정과 생각은 배제한 채 엄마의 기준으로, 엄마의 욕심으로만 일방적으로 정한 약속은 아닌지 되돌아보시기 바랍니다.

엄마와 아이라는 가장 기본적인 인간관계에 신뢰감을 갖지 못한다면 타인에 대한 신뢰감도 키워나갈 수 없습니다. 엄마라는 존재는 이토록 중요한 역할을 맡고 있습니다. 아이가 세상을 어떻게 바라볼지는 안타깝게도, 또는 다행스럽게도 엄마의 '태도'에 달려 있습니다.

Mother's words

★ "네가 거짓말을 해서 엄마는 마음이 아파. 지금부터는 거짓말하지 말자. 그래야 엄마도 네 말을 믿을 수가 있단다."

★ "거짓말을 하면 치러야 할 대가가 엄청나게 많단다. 너도 그걸 다 알게 되면 더 이상 거짓말을 하지 않게 될 거야."

★ "가끔 거짓말을 하더라도 엄마는 너를 믿으며 살고 싶어. 평생 그럴 수 있도록 ○○이가 도와줬으면 좋겠다."

★ "다음엔 꼭 약속 지키자. 그럼 엄마가 정말 기쁠 거야."

★ "약속 몇 번 깨트렸다고 해서 인생이 망가지지는 않아. 그래도 지킬 건 지키는 사람이 멋진 거야."

질서의식이 약한 아이에게

부모는 자식의 거울이며 아이가 가장 먼저 만나는 스승이기도 합니다.

언니가 야근이 많은 직장에 다니는지라 제가 어린이집에 가서 데리고 조카를 온 적이 있습니다. 그러면서 유아들에게 깜짝 놀란 사실이 있습니다.

첫 번째는 성인 남자만 여자 외모를 밝히는 것이 아니라 미취학 아동들까지도 교사를 예쁜 선생님과 안 예쁜 선생님으로 구별한다는 것이었습니다. 그래서 아름다움에 대한 갈망은 인간의 본능이라는 것을 몸소 체험하게 되었습니다. 연구 결과를 보면 사실이기도 합니다.

두 번째는 아이들이 뭘 모르는 것 같아도 어른들보다 똑똑할 때가 있다는 것입니다. 그래서 왜 번개가 치는지, 구름은 어떻게 만들어지는지, 왜 사계절이 생기는지에 대해 설명하면 모를 것이라 생각하지만 의외로 잘 이해합니다.

"아직 몰라도 돼"라던가 "학교 가면 배워"라고 대답하는 것은 '부모인 내가 게으르다'와 같은 말입니다. 요즘은 검색하면 뭐든지 나오는 편리한 시대이니 아이의 궁금증을 자세하게 설명해줘야 합니다. 공공장소에서 질서를 지키지 않을 때에도 그냥 "하지 마!"가 아닌 왜 그러면 안 되는지를 논리적으로 설명해주면 아이들은 잘 납득합니다.

예를 들어, 승강기에서 쿵쿵 뛴다면 "얘가 정말 남부끄럽게 승강기 안에서도 왜 이렇게 방방 뛰고 난리야? 누굴 닮아 이렇게 산만한 거니!"라고 말할 것이 아니라 "승강기에서 뛰면 안 돼. 왜냐하면 자신의 몸무게보다 더 큰 무게가 가해져서 갑자기 서거나 추락할 수도 있어!"라고 말하는 것이 좋습니다. 특히 과학에 관심이 많은 아이에게 이런 대화는 더 많은 흥기심과 관심으로 이어질 것입니다.

신기한 것은 첫째 조카에게 이렇게 말해서 키웠더니 3년 뒤 자기 동생에게 제가 한 말과 똑같이 들려주면서 조용히 시켰습니다. 제가 했던 말을 토씨 하나 틀리지 않고 녹음해놓은 듯 그대로 말하는 조카를 보며 경이로움을 느꼈습니다. 이 경험을 통해 부모의 역할이 얼마나 중요한지 다시 한 번 깨달았습니다.

심리학자 하워드 가드너(Howard Gardner)는 하루에 칭찬을 5번

받으면 1년에 1,825번 칭찬을 듣게 되고, 하루에 꾸중을 5번씩 들으면 1년에 1,825번 듣게 되니, 그 차이는 3,650번이라고 했습니다. 동생에게 짜증보다 칭찬을 잘 해주는 형으로 키우고 싶다면 부모님부터 차근차근 설명해주고 부드럽게 칭찬하고 격려할 줄 알아야 합니다. 그래야 형도 동생에게 부모가 자신을 대하던 방식 그대로 하게 됩니다.

개그맨 장동민이 예능에 나와 말한 적 있습니다. 자신은 '근본적으로 화를 타고난 사람'이라고 했고, 방송인 김구라는 '논리에서 나온 화'를 내는 사람이라고 했습니다. 또한 박명수는 '콘셉트가 화인 사람'이라고 했습니다. 부모로 살아가다 보면 부처가 아니고서야 화를 안 낼 수가 없습니다. 특히 사람이 많은 곳에서 말을 안 들으면 불가피하게 소리 지르고 화를 낼 수밖에 없는 상황을 맞닥뜨리게 됩니다. 그렇지만 꼭 화를 내야 한다면 엄마가 왜 화가 났는지, 그 원인은 무엇이고 앞으로 바라는 것이 무엇인지 논리적인 설명을 곁들이길 바랍니다. 무턱대고 화를 내거나 항상 화를 내는 엄마이면 아이도 똑같이 따라할 것입니다.

"너 엄마 말 무시하니? 엄마가 무조건 하지 말랬지!"

"너 엄마 망신 주려고 작정했지?"

"얘가 정말 남부끄럽게 승강기 안에서도 왜 이렇게 산만하니?"

"너 바보니? 어떻게 그런 짓을 할 수가 있어! 엄마가 그렇게 가르치든?"

"도대체 몇 번을 말해야 알아듣겠니?"

제가 가장 좋아하는 자녀 교육서 베스트셀러 작가이자 소아정신과 전문의인 서천석 박사는 책에서 '육아'란 자기 인격의 전부가 아이와 만나는 시간이며, 결함 있는 내가 결함 있는 아이와 만나는 것이라고 표현합니다. 육아를 표현하는 말 중 이보다 더 정확한 표현은 없다는 생각이 듭니다. 그리고 아이를 꾸짖어 가르치면 보통 부모이고 스스로 모델이 되어 알려주는 부모가 '고수 부모'라고 말합니다.

물론 남자아이들은 설명을 해도 듣지 않거나 이해해도 바르게 행동하지 않아 교실에서 소리를 꽥 하고 질러야 할 때가 있습니다. 공공장소에서 질서와 규범을 지키지 않아 부모를 부끄럽게 만드는 아이에게도 왜 그런 행동을 하면 안 되는지 납득이 될 때까지 차근차근 설명해야 합니다. 위험하면 왜 위험한지 과학적으로 설명해주면 아이들은 흥미를 느끼기도 합니다.

저는 TV를 잘 안 보지만 〈위기탈출 넘버원〉이란 프로그램은 직업상 의무적으로 봅니다. 학생들에게 안전교육을 시킬 때도 그냥 "위험해!"라고 말하지 않고 몇 년 전에 이런 사건 사고가 있었다고 부연 설명을 하면 더 귀담아 듣기 때문입니다. "가전제품은 조심해서 사용해야 해"라고 말했을 때 관심 갖는 학생은 없습니다. 그렇지만 "감기 몸살이 난 사람이 쌍화탕을 데워 먹으려고 전자레인지를 사용했어. 그런데 컵에 따르지 않고, 뚜껑을 열지 않은 채 전자레인지에 그냥 넣어 돌렸더니 유리병이 폭파했대. 폭파하면서 유리조각이 그 사람의 배를 찔렀다지 뭐니. 이건 실제로 있었던 일이야. 그러니까 너희도 모든 전자제품은 정말 신중하게 다뤄야 해"라고 말해주면 아이들이 귀를 쫑긋 세워 듣곤 합니다.

유럽에서는 한 아이가 잘못된 행동을 하면 부모가 꾸짖는 것은 물론 주위 어른들도 주의를 준다고 합니다. 부모만 혼내거나 잔소리를 하면 "우리 부모님만 너무 엄격하고 잔소리가 심해!"라고 생각할 수 있기 때문이라고 합니다. 우리나라도 "당신이 뭔데 우리 아이 기를 죽여요?"라는 풍토가 사라지고 유럽처럼 자신의 아이도, 옆집 아이도 함께 교육할 수 있는 의식이 생겼으면 합니다.

또 선진국에 가서 횡단보도를 건너다가 감동받은 적이 있습니다. 건널목을 건너는데 달려오던 차가 정지선에서 멀리 떨어져서서 사람이 안전하게 지나가도록 서 있었습니다. 보행자가 신호를 받아 건너도 멈추지 않고 슬금슬금 다가오는 게 일상인 우리나라와 너무나 달라 놀랐습니다. 이런 문화에 익숙하지 않아 차 시동이 꺼져서 그런가 하고 의심할 정도였습니다.

다른 사람을 배려하는 문화 속에서 자란 아이들은 커서 운전대를 잡아도 똑같이 당연하게 정지선에 서서 보행자가 다 지나갈 때까지 기다릴 것입니다. 하지만 우리나라에서는 아직 그런 문화를 기대하기는 어려운 것 같습니다. 그러니 가정에서 부모님이 본보기가 되어주셔야 합니다. 공공장소에서 부모가 어떤 행동을 하느냐에 따라 아이가 커서 바른 행동을 할 것이기 때문입니다. 부모는 자식의 거울이며 아이가 가장 먼저 만나는 스승이기도 합니다. 자녀가 질서의식이 결여되어 있다면 그것은 부모님에서부터 시작되었는지 자기 점검을 해볼 필요가 있습니다.

Mother's words

★ "다음부터 그네가 타고 싶으면 차례를 기다리는 거야. 알았지?"
★ "안전상 위험한 행동은 그 어떤 경우에도 안 돼 우리 아들 지킬 건 지키는 멋진 남자잖아."

이기적인 아이에게

솔직히 말해 초등학교 교사인 저를 가장 짜증나고 힘들고 열
받게 만드는 학생 유형을 한 가지만 말해보라고 한다면 '역지사
지 불가형'입니다. 담임 입장에서는 공부 못하는 아이들보다 이
런 학생이 더 힘들고 지도하기 난감합니다. 교사들 사이에서도
매사 긍정적이며 역지사지가 잘 되어 남을 배려하고 상대방의
이야기를 잘 들어주는 교사가 인기 있습니다. 어느 집단에 가도
이것은 마찬가지라고 생각합니다.

매년 학급을 맡으면 '역지사지 불가형' 학생들을 만나게 됩니
다. 올해 맡은 스물네 명의 아이들 중에도 이 두 명의 아이는 정
말 신기할 만큼 상대방의 입장을 이해하지 못합니다. 처음에는

못하는 것이 아니라 안 하는 것이라고 생각해서 야단도 많이 쳤습니다. 그렇지만 1년 가까이 지켜보니 유독 역지사지가 안 되는 학생들이 있습니다.

사실 아이들은 원래 자기중심적인 존재들입니다. 아이들은 엄마가 직장생활로 얼마나 스트레스를 받는지, 집안일로 녹초가 됐는지, 왜 이성을 잃을 정도로 화를 내는지 못 알아차립니다. 엄마가 반찬값을 아껴가며 그 비싼 학원회비를 내는 것도 모릅니다. 그건 다 엄마 사정입니다. 남자아이일 경우 더 그렇습니다.

유아들을 데리고 한 유명한 실험이 있습니다. 4세 아이들 앞에서 엄마가 손을 다쳐 우는 척하면 여자아이들은 엄마가 아파서 우니까 따라 웁니다. 그렇지만 남자아이들은 자신이 가지고 놀던 장난감에 계속 심취하거나 심지어 웃기까지 합니다. 여자아이의 경우 우뇌와 좌뇌를 연결하는 신경다발인 뇌량이 20퍼센트가량 더 커서 좌우뇌의 상호작용도 더 활발하고, 대뇌피질의 발달도 빨라 감각적인 정보를 훨씬 많이 흡수하고 처리할 수 있다고 합니다. 그래서 공감력이 높고 유대감을 느끼고 충동을 억제할 수 있는 거죠. 반대로 남자아이의 경우 자기중심적이고, 충동적이고 공격적인 성향을 나타내기 쉽습니다.

하지만 이런 것도 후천적으로 바뀔 수 있다는 것을 한 어머니로부터 배우게 되었습니다. 그 아이는 자기중심적인 성향이 강해 마음에 안 드는 친구가 있으면 지나가는 길목에서 기다리고 있다가 입속에 침을 모았다가 얼굴에 뱉을 정도였습니다.

하지만 그 아이의 어머니는 아이를 학교에 보내기 전에 공부 열심히 하라는 말은 하지 않아도 "친구와 항상 사이좋게 지내야 한다. 의견 다툼이 있어도 져줄 줄 아는 사람이 진정한 승자야. 양보하는 사람이 멋진 사람이야"라고 매일 아침 말하신다고 했습니다. 저는 평소 어머니가 이런 부분에 대한 지도를 너무 안 하셔서 아이가 이런 게 아닐까 오해하고 있었는데 사실은 전혀 그렇지 않았던 것입니다. 이런 아이의 경우 과도기가 있지만 결국 어머니 말대로 행동이 수정되어 자라나는 경우가 많습니다.

학부모 상담 시간에 여러 가지 이야기를 나누다 보면 학생에 대해 누구보다 가장 잘 알고 있는 사람은 역시 어머니입니다. 평소 세 살 어린 동생에게도 절대 져주는 법이 없는 모습, 게임을 5분 더 하려고 목숨 거는 모습을 매일 보기에 자녀의 성격을 모를 수가 없는 것입니다.

뇌 과학자들의 연구 결과 유독 게임 중독에 잘 빠지는 뇌가 있다고 합니다. 그렇듯 상대방의 입장에서 생각하는 것이 정말 잘 안 되는 아이들이 있는 것 같습니다. 저는 저대로, 어머니는 가정에서 최선을 다해 인성 지도를 하고 계신데도 유독 느리게 배려심이 형성되는 아이가 있습니다.

"너 지금 일부러 그러는 거지?"

"넌 못되서 자기밖에 모르지?"

"너는 어린 동생보다 더 배려심이 없니?"

"넌 어쩜 그렇게 이기적이고 자기밖에 모르니? 역지사지라고는 모르는 캐릭터야."

"엄마가 몇 번을 말해야 알아듣겠어? 어떻게 된 애가 입이 닳도록 얘기해도 그 모양이니?"

"첫째는 무조건 모범을 보여야 하는 거야. 네가 그딴 식인데 동생은 뭘 보고 배우겠니?"

"형이 되어서 야비하게 동생을 때리니? 엄마 있을 떠도 이러는 거 보니까 없을 땐 더 하겠다!"

"넌 모든 걸 힘 싸움으로 만드니? 무지막지한 놈!"

이런 경우 "유독 너는 왜 그러니?" "너는 사람이 변할 줄을 모르니?" "너는 어린 동생보다 더 배려심이 없니?" 이렇게 '너'로 시작하는 문장들을 퍼붓기보다는 "엄마도 초등학교 2학년 때까지는 나만 아는 성격이었어. 그런데 3학년부터 친구들의 마음이 보이기 시작하더라고. 그때부터 친구들 사이에서 인기도 더 많아지고 학교생활도 훨씬 재미있었어"라고 겪험을 예로 들어 이야기해주시기 바랍니다. 돌이켜 생각해 보면 저 또한 친구의 입장에서 생각하는 것을 잘 못하던 학생 중 한 명이었습니다. 성격 좋고 밝고 명랑한 언니와 달리 까다로운 저를 키우면서 어머니가 피곤한 면이 많았으리라 짐작해봅니다. 실제로 종종 엄마는 여러모로 어려운 일이 많았다고 회상하십니다. 지금 잠깐 어렸을 때를 떠올려봐도 전 참 예민한 아이였습니다. 초등학교 시절 어떤 일이든 마음먹은 대로, 계획한 대로 진행되지 않으면 견디지 못해 짜증을 낼 정도였으니까요. 그러다가 중학생이 되고 고등학생이 되면서 친구들과 더 많이 부딪치고 그러면서 조금씩 극복해 나가는 방법을 익히게 되었습니다. 그 후 예민했던 성격이 조금씩 둥글둥글해지기 시작했죠.

또한 싸가지와 성적은 반비례한다고, 성적이 좋던 학창 시절에는 공부를 못하는 학생들을 무시하는 마음도 있었습니다. 성적이 좋을수록 공부 못하는 아이들을 더 이해하지 못했습니다. 그러다 교육대학에 가서 낮은 학점을 받고 성적 부진(?)을 경험해보니 '아! 중학교 때 공부 못하던 아이들 마음이 이런 거였구나. 못하고 싶어서 그런 게 아니었구나'라며 뒤늦게 친구들의 마음을 이해하게 되었습니다. 제가 만약 대학교 때 과에서 계속 성적이 상위권이었다가 교사가 되었다면 성적이 좋지 못한 학생들의 마음을 전혀 이해해주지 못하는 악덕 담임이 되었을 것입니다. 지금은 성적이 저조했던 시절을 보낸 것을 감사하게 되었습니다. 덕분에 아이들을 이해하는 폭이 넓어지고, 공감하는 마음은 깊어질 수 있었습니다.

공감 능력을 키우기 위해 이런 것도 한 방법이 될 수 있습니다. 자녀와 비슷한 성격을 가진 주인공이 등장하는 동화책을 함께 읽어보는 것입니다. 자녀에 대한 인신공격이 아니라 주인공에 대한 생각을 자유롭게 나누면 좋습니다. 스스로의 단점을 객관적으로 바라보기는 힘들지만 책 속의 인물에 대해 평가해 보고 생각 나누기를 하다 보면 어린아이들도 스스로 깨치는 순간이 있습니다.

애니메이션 영화를 좋아하는 아이라면 함께 애니메이션을 본 후에 "이 주인공을 어떻게 생각하니?" 혹은 "너라면 저런 상황에 어떤 선택을 하겠니?", "너는 이 책에 나오는 등장인물 중에서 어떤 성격을 가진 사람과 가장 친한 친구가 되고 싶니?"라고 자연스럽게 질문하고 대화를 이어 나가는 것이 좋습니다. 이렇게 시작하셔서 책의 주인공에 대해 이야기를 나누는 단계까지 가면 그것이 바로 독서 토론이고, 독서 논술의 기초가 되는 것입니다.

부모님들이 국제중학교에 보내고 싶어 하는 이유도 토론 중심의 창의적인 수업과 자기 주도적 연구 과제 중심의 학습이 가능하기 때문입니다. 현실적으로 공교육에서 이런 부분이 부족하다면 가정에서 메꿀 수 있는 것도 지혜입니다. 강압적이고, 일방 통행식의 훈계가 아닌 다정하고 현명한 질문으로 인성 교육과 독서교육을 시작해 보시는 것은 어떨까요?

부모가 하는 질문의 수준이 자녀의 사고력과 생각의 수준을 결정합니다. 수준 있는 질문이 수준 있는 인생을 만들 수 있습니다.

Mother's words

★ "만일 누가 너를 그런 식으로 대한다면 기분이 어떻겠니?"

★ "다음부터는 기분 나쁘거나 화가 나는 일이 생기더라도 동생에게 주먹을 날리지 말고 엄마에게 논리적으로 설명해줘. 그럴 수 있지?"

★ "너는 이 책에 나오는 등장인물 중에서 어떤 사람과 가장 친한 친구가 되고 싶니?"

★ "엄마는 너를 미워하는 것은 아니지만 너의 그런 행동에는 실망했어."

★ "동생을 포함해서 누구라도 때리면 안 되는 거야. 사람이 사람을 때리는 것은 옳지 못한 행동이야. 엄마가 너를 때린다고 해도 그것은 잘못된 폭력인 거야."

★ "이제부터 30분간 침묵하자. 네가 무슨 잘못을 했는지 생각해봐. 그동안 엄마도 너를 잘못 가르친 것에 대해서 반성할게."

★ "동생을 더 사랑하고 너는 덜 사랑해서 동생부터 챙기는 게 아니야. 동생은 아직 어려서 엄마가 챙겨주지 않으면 생명의 위협을 받거든. 네가 동생 나이일 때는 엄마가 더 많이 챙겨줬었지. 얼마나 사랑스러운 아기였는지 몰라."

Chapter 4.

자존감을 키우는
엄마의 한마디

초등학교 때부터 주체성을 가지고 자신의 인생을 꾸려 나가는
연습을 하지 않으면 평생 못할 수도 있습니다.
도전 정신을 기르기 위해서는 주체성을 가져야 하고
그러려면 잠재의식에서부터 자신감을 길러줘야 합니다.

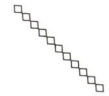

열심히 하는데 성적이 잘 오르지 않는 아이에게

자신감이 굳건한 아이는 결국 학업 성적도 점점 상승 곡선을 그립니다.

9년 전 담임했을 때 아이들 중에 유독 성적만 낮은 아이가 있었습니다. 리더십도 있고 성실했으며 공부하는 것을 즐겼습니다. 독서량도 많았습니다. 단지 '성적'만 기대치만큼 나오지 않았습니다. 그래도 그 아이는 매사 자신감을 잃지 않고 자신이 해야 할 일과 하고 싶은 일들을 열심히 해냈습니다.

고등학생 때 소식을 들으니 역시나 성적도 점점 상승 곡선을 그렸고, 전교 회장도 하였습니다. 대학생이 된 지금은 학교에서 보내주는 교환학생으로 해외 유학도 다녀오고 외국계 기업에서 주최하는 인턴 과정에도 뽑혀 다채로운 경험으로 청춘을 가득 채우고 있습니다. 이 아이의 어머니는 어른의 기대에 못 미치는 성적을 두고 단 한마디도 잔소리하지 않는 분이었습니다. 저 또한 아이가 성적보다는 잠재력을 믿고, 자신감을 잃지 않도록 격려했습니다.

이 학생을 떠올릴 때면 '모죽'이라 불리는 대나무가 생각납니다. 모죽은 처음에 땅에 심었을 때는 잘 자라지 않는다고 합니다. 무려 5년 동안이나 자라지 않다가 4~5년이 지난 후부터는 엄청난 성장 속도를 보입니다. 모죽은 성장을 시작하면 하루에 60센티미터가 넘게 자라고, 나중에는 30미터 이상 자라게 됩니다. 5년간의 준비 기간을 거친 후에는 두어 달 만에 30미터가 한 번에 자라는 것입니다.

식물학자들이 너무 신기해서 몇 년 되었지만 아직 자라지 않는 모죽의 밑 부분을 파 보았더니 땅 위쪽으로는 전혀 변화가 없었지만 모죽의 뿌리가 땅속 깊이까지 뻗어나간 것을 발견할 수 있었다고 합니다. 모죽은 5년간 성장하지 않았던 것이 아니라 뿌리를 열심히 키우고 있었던 것입니다.

이렇듯 뿌리부터 열심히 성장한 모죽은 그 어떤 태풍에도 쓰러지거나 부러지지 않는다고 합니다. 지금 당장은 큰 성과가 보이지 않아도 꾸준히 노력하고 성실·착실·진실한 학생을 보면 모죽이 떠올라 이 이야기를 꼭 들려줍니다. 사람은 누구나 적어도 한 가지는 좋아하고 또 잘할 수 있는 것이 있습니다. 그리고 자신의 때를 기다리며 사소한 것에 흔들리지 않고 꾸준히 노력하는 저력이 중요합니다.

학력이 낮은 아이에게서 나타나는 공통점은 자신감이 낮다는 것입니다. 이래서 저는 초등학교 시절에 세 가지만 강조해야 한다면 '자신감, 바른 습관, 독서'라고 말합니다. 자신감이 굳건한 아이는 결국 학업 성적도 점점 상승 곡선을 그리게 되어 있습니다. 설령 성적이 급상승하지 못하더라도 자신이 잘하는 일을 찾아내고, 그 일에 매진하게 됩니다.

아인슈타인은 질문이 많은 아이로 유명했다고 합니다. "왜 나침반은 항상 북쪽을 향하나요?" 다른 사람들은 당연하게 받아들이는 것에도 의문을 품었습니다. 학교에서 친구들에게 바보 취급을 받았지만 아인슈타인의 엄마는 그를 호기심이 뛰어난 아이로 받아들였습니다. 심지어 학교 선생님마저 '이 학생은 앞으로 무슨 일을 하건 성공할 수 없다고 판단됨'(이 아이에게는 어떤 기적도 기대할 수 없다로 번역한 곳도 있음)이라고 성적표에 써놓으셨다고 합니다. 그렇지만 아인슈타인의 엄마는 "너는 남다른 특별한 능력을 가지고 있어. 남들과 다르기 때문에 너는 성공할 수 있어"라고 말해주었다고 합니다. 이런 엄마의 믿음이 남들 눈에는 이상하게만 보였던 아인슈타인을 세계적인 학자로 자랄 수 있게 해주었습니다.

또한 아인슈타인의 어머니는 어린 그에게 단순한 암기나 연산력보다는 상상력을 기르는 훈련을 많이 시킨 것으로도 유명합니다. 어린 아인슈타인이 학교를 마치고 집으로 돌아왔을 때 간식을 준비했다가 주면서 재미있는 질문들을 던졌다고 합니다. "우리가 살고 있는 지구에서 밤하늘에 반짝이는 별까지는 거리가 얼마나 될까?" "우주의 넓이는 얼마만큼일까?" 이렇듯 어린아이가 풀 수 없을 만큼 어렵지만 아이의 상상력을 촉발시킬 수 있는 질문이었다고 합니다. 학교 성적이 너무 낮아 낙제할 정도였지만 아인슈타인의 어머니는 학교의 단편적인 지식을 따라가지 못하는 아들의 기를 죽이는 대신 남들에게 없는 능력을 키워줘야겠다고 결심했다고 합니다.

엄마들은 아이의 잠재력보다 지금 당장 눈앞에 있는 '성적표'를 더 믿습니다. 극심한 부진이 아니라면 초등학생의 성적은 거기서 거기라고 말씀드리고 싶습니다. 학원이나 공부방에 가서 '문제 잘 푸는 법'과 '성적 올리는 법'을 배워온 학생들과 그렇지 못한 학생들로 구별된다고 할 만큼 초등학교 성적표의 신뢰도는 높지 않습니다.

"몇 번을 말해야 알아듣겠니?

"다른 것 다 필요 없어. 성적만 높으면 돼!"

"열심히 안 해서 그런 거잖아."

"너 정신이 나갔구나? 누굴 닮아서 근거 없는 자신감만 가득한지. 쯧쯧"

엄마는 자신도 모르게 실패에 대한 안 좋은 말을 내뱉곤 합니다. 그런 부정적인 말을 들은 아이가 '좋아, 다시 힘내자!'라는 생각을 할 수 있을까요?

"조금 더 지혜롭고 똑똑해졌잖니."
"이런 때일수록 좌절하지 않는 것이 중요해."
"괜찮아. 그만큼 너는 더 현명해지는 중이란다."
"사람은 누구나 잘하는 것이 있단다. 모든 것을 다 잘할 필요는 없어. 네가 가장 잘할 수 있는 것을 찾아내는 것이 중요해."

이렇게 말해주며 실패를 긍정적으로 받아들이는 태도를 길러주는 일이 무엇보다 중요합니다. 가정에서 해야 하는 가장 중요한 일 중 하나가 실패를 긍정적으로 받아들이게 하는 것입니다. '실패를 해도 끝이 아니다'라고 느끼게 한 다음 실패에서 또 다른 교훈을 배우는 것이 의미 있는 일입니다.

Mother's words

★ "넌 너의 어떤 재능을 점점 키워 나가고 싶니?"
★ "이 세상에서는 모든 것이 가능한 거야! 손이 없어도 그림 그리는 화가도 있고, 다리가 없어도 달리기 하는 육상선수도 있어."

★ "공부를 못해도 괜찮아. 네가 분명히 친구들보다 훨씬 잘하는 게 있을 테니까."

★ "○○이 그런 일로 좌절하는 사람 아니잖아."

★ "너는 누구보다 특별한 아이란다."

★ "엄마는 네가 어떤 일이든 열심히 하는 모습이 참 좋아."

단점으로 주눅 든 아이에게

아이의 문제나 단점을 심각한 문제로 인식하고,
지금 당장 바꾸려고 하기 때문에 자녀 교육이 힘들다. _서천석

GE의 전 회장 잭 웰치. 그는 어릴 적 키가 아주 작고 말까지 더듬는 보통 이하의 아이였습니다.

잭 웰치가 어릴 때의 일화입니다. 참치 샌드위치 한 개를 주문하는데 말을 더듬어 튜나(tuna)를 투 튜나(Two tuna)라고 발음해 두 개의 샌드위치를 주문했다고 합니다. 그럴 때면 그는 항상 자신감을 잃고 실망했지만 지혜로운 잭 웰치의 어머니는 한결같이 아들을 격려했습니다.

"네가 너무 똑똑하기 때문에 그런 거야. 너처럼 똑똑한 아이의 머리를 혀가 따라오지 못해서 그래."

어머니의 격려에 잭 웰치는 말을 더듬는 것을 창피하게 생각하지 않고 자신감을 가지게 되었습니다. 만약 아들이 말을 더듬을 때 "말 좀 똑바로 할 수 없니?"라고 다그쳤다면 오히려 열등감에 시달리고 스트레스를 받아 증상이 더 심각해질 수 있었습니다. 당연히 자신감 있는 기업인으로 성공하기도 힘들었을 것이라 짐작이 됩니다. 또한 어머니에게 교훈을 얻은 잭 웰치는 훗날 자신의 경영 신념을 마음속에 깊이 새겼습니다.

'어떤 사람이 실수했을 때 처벌은 최후의 수단이 되어야 한다. 가장 필요한 것은 격려와 자신감이다. 누군가가 좌절하고 있을 때 그를 더욱 꾸짖는 것은 가장 나쁜 행동이다.'

그가 경영하면서 여러 번 난관에 봉착했을 때 그 난관을 해결할 수 있었던 자신감은 어머니가 심어주신 것이라고 합니다. 예를 들어 학교에서 성적표를 들고 오면 가끔 A가 있고, B, C, D가 더 많은데, 어머니는 B, C, D는 말을 안 하고 A를 가리키면서 "A 받았구나? A가 있는 것을 보니까 모두 다 A를 받을 수 있는 실력이 있는 거야. 네가 관심을 안 기울여서 그렇지 너는 A를 받을 수 있는 실력이 있는 거야"라며 어린 잭 웰치를 격려하고 담대하게 만들어주었답니다.

보통 부모는 아이의 장점보다 단점에 주목하는 경향이 있습니다. 그 단점을 보고 "왜 그것밖에 못 했니?"라고 닦달하기 쉽습니다. 특히 완벽주의 성향이 있는 부모는 항상 기준치가 높고 잘해야 한다는 강박관념이 심하기 때문에 여간해서 만족하지 않습니다. 아이가 최선을 다하면 그 노력하는 과정을 칭찬해야 하는데 결과가 만족스럽지 않으면 그 점만 지적하곤 합니다.

"말을 더듬고 제대로 못할 것 같으면 아예 시작하지 마!"
"넌 제대로 알지도 못하면서 설치긴 설쳐!"
"다른 엄마들도 있는 공개 수업에서 그렇게 발표하면 엄마가 아파트단지(동네)에서 얼굴 들고 다니겠니? 내가 부끄러워 살 수가 없어."
"너 계속 그런 식이면 2학기 공개 수업 때는 엄마 학교 안 간다. 너 알아서 해."

《그림책으로 읽는 아이들 마음》과 《아이와 함께 자라는 부모》의 저자이자 소아정신과 전문의로도 유명한 서천석 박사의 강의를 들은 적이 있습니다. 그런 분도 자신의 결점을 A4종이에 적으면 한가득일 거라고 하면서, 아이의 문제나 단점을 심각한 문제로 인식하고, 지금 당장 바꾸려고 하기 때문에 자녀 교육이 힘들다고 하셨습니다. 부모나 교사는 아이들을 당장 바꿀 수 있는 것이 아니라 '결국'은 더 좋은 방향으로 바꿀 수 있게 도와주는 존재라는 말씀이 가장 기억에 남습니다.

맞는 답도 너무 자신감 없는 개미만 한 목소리로 발표하는 학생보다 조금 틀리더라도 씩씩하고 자신감 있게 말하는 학생이 좋습니다. 교직 경력이 짧아 지혜로움이 지금보다 부족하고 철 없을 때는 '저 아이가 나를 짜증나게 하려고 저러는구나', '나를 시험하고 있구나', '쉬는 시간에는 소리도 잘 지르더니 수업 시 간만 되면 일부러 저러나?'라고 생각할 때도 있었습니다. 지금은 '아이들이 커 가는 단계구나. 나도 저 나이 때는 친구들 앞에서 발표하는 것이 참 부끄러웠지. 이건 자연스러운 현상이야'라고 생각합니다.

화내는 부모와 교사 밑에서 자란 아이들이 더 공격적이고 반 항적이라고 합니다. 또한 화를 잘 내는 부모는 정신적으로 미성 숙한 성인을 길러낸다는 연구 보고도 있습니다. 솔직히 저도 사 람인지라 수업 시간에 딴짓하고, 손장난 치고, 모둠 활동에 참여 하지 않고, 잘 떠들다가도 발표할 때만 입을 다무는 아이들에게 화가 날 때도 있습니다. 그렇지만 현명하게 대처하지 못하고 쉽 게 화부터 낸다면 제 자신에게도 좋지 않고, 아이들에게는 더욱 좋지 않다는 것을 경험으로 깨달았습니다.

Mother's words

★ "목소리가 조금 작아서 다른 사람들 귀에는 안 들렸을지 모르겠지만 엄마는 잘 들었어. 우리는 눈에 안 보이는 탯줄로(선으로) 연결되어 있

는 사이잖니. 다른 사람들도 다 잘 들었으면 더 좋았겠지만, 차차 더 잘하리라 엄마는 믿어."

★ "한 번 더 충분히 생각하면 공부도 일도 결과가 훨씬 좋단다. 머리는 쓰면 쓸수록 똑똑해진다니, 정말 멋진 일이지?"

도전의식이 부족한 아이에게

자녀들의 성공 요인은 타고난 재능과 능력보다는 "나는 할 수 있다"라는
생각을 얼마만큼 크고 지속적으로 가지고 도전하느냐에 달렸습니다.

꿈을 한 글자로 하면 깡!

꿈을 두 글자로 하면 도전!

꿈을 세 글자로 하면 무한대!

꿈을 네 글자로 하면 백지수표!

꿈을 다섯 글자로 하면 이루어진다!

몇 년 전 2학년 학급 담임을 할 때 점심시간은 12시 30분이었
습니다. 12시 10분부터 알림장을 쓰고 자기 자리 정리 정돈하고,
손을 씻고 25분쯤에 줄을 섭니다. 그러면 담임인 제가 혹은 반장
이 큰 소리로 외치고 나머지 친구들이 따라합니다. "나는 할 수

있다. 나는 뭐든지 이룰 수 있다!" 제가 너무 바쁘거나 시간이 촉박해서 생략한 날은 멋진 친구들이 "선생님 그거 안 해요?"라고 물어봅니다.

첫날에는 아이들이 "에잇, 이게 뭐예요~"라던가 "선생님, 사이비 종교 같아요"라고 할까 봐 혼자 마음속으로 걱정했습니다. 저학년이라 그런지 기대 이상으로 열심히 외쳐주어서 고마웠던 기억이 있습니다. 그리고 학교 행사가 많아 중요한 의식을 하지 못한 날은 알림장 밑에 꼭 이 문장을 써줍니다. 나중에는 습관처럼 말하고 쓰니 아이들도 저도 별 감흥 없이 받아들이게 됩니다. 하지만 저는 무의식과 잠재의식의 위대한 힘을 믿기 때문에 꾸준히 실천합니다.

사실 조언은 상대에게 하는 것이 아니라 과거의 자신에게 하는 경우가 많다고 합니다. 자신감이 부족해서 아쉬웠던 제 유년 시절을 떠올리며 우리 반 아이들에게 적어도 '자신을 믿는 힘'만큼은 키워주려고 최선을 다합니다.

요즘 인성 교육이 강조되면서 밥상머리 교육이 강조되고 있습니다. 밥상머리도 좋고 침대머리에서도 좋습니다. 하루에 한 번 가족 모두가 소리 내어 스스로를 격려하는 시간을 가졌으면 좋겠습니다. 가훈을 외쳐도 부모의 좌우명을 외쳐도 좋습니다. 매달 1일 아이와 함께 이번 달에 외칠 구호를 함께 정하는 것도 추천합니다.

도전 정신이 없는 아이는 대학에 가서도 학점 잘 주는 교수님 수업만 골라서 듣습니다. 마음에 드는 이성을 만나도 상대가 먼저 내 마음을 알아주기를 기대하며 고백 한 번 하지 못합니다. 사회에 나가서도 마찬가지입니다. 회사 생활을 하면서도 윗사람이 시키는 일만 합니다. 자신의 삶을 살고 있지만 자신의 의지대로 인생을 운영하지 못하게 됩니다. 결혼도 부모가 이런 사람과 결혼하라고 하면, 하고 나서 "그때 아버지가 정년퇴직을 앞두고 있어서 퇴직 전에 하라고 해서 했는데. 늘 나의 선택에 만족스럽지 못해요"라고 말하는 사람을 직접 본 적이 있습니다. 자신의 인생을 부모님의 퇴직 스케줄에 맞춘다는 것이 참으로 웃픈(웃기고 슬픈) 이야기입니다.

　초등학교 때부터 주체성을 가지고 자신의 인생을 꾸려 나가는 연습을 하지 않으면 평생 못할 수도 있습니다. 도전 정신을 기르기 위해서는 주체성을 가져야 하고 그러기 위해서는 잠재의식에서부터 자신감을 길러야 합니다. 그래서 저는 오늘도 아이들과 함께 밥을 먹으러 가기 전에 "나는 할 수 있다. 나는 뭐든지 이룰 수 있다!"를 즐겁게 외치곤 합니다.

　연구 결과 사람의 하는 행동이나 결정의 90퍼센트가 잠재의식의 지배를 받는다고 합니다. 정신분석가들은 "좋은 부모를 만난 아이들은 자존감이 높다"고 말합니다. 부모의 자존감이 곧 아이의 자존감입니다. 스웨덴에서는 1,400여 명의 부모와 그들의 자녀를 관찰했더니 아이가 부모의 자존감 수준을 닮는 것을 확인했다고 합니다. 외모만 대물림되는 것이 아니라 부모의 자존감도 대물림된다는 것을 알 수 있습니다.

"덩치는 산만 한 놈이 어째 그러니? 한심한 놈."

"잘하는 짓이다!"

"이런 식으로 하면 오늘 밥 없어. 식충이 같은 놈아!"

"넌 가만히 있는 게 엄마를 도와주는 거야!"

"내가 널 왜 키우는지 모르겠다."

"그럴 때마다 마음에 안 들어."

"뭐 잘하는 게 있기를 하나, 좋아하는 게 있기를 하나 맨날 방바닥에 붙어 뒹굴거리기나 하고. 차라리 너도 다른 애들처럼 밖에 나가서 놀기라도 하던지. 보고 있자니 한숨이 다 나오네. 아휴 속상해."

축구에 조금이라도 관심이 있는 사람이라면 FC바로셀로나의 공격수이자 아르헨티나의 축구 신동 리오넬 메시라는 이름을 한 번은 들어봤을 것입니다. 그는 현란한 드리블과 파괴력 강한 슈팅으로 전 세계 축구 팬들의 이목을 사로잡습니다. '마라도나의 후계자'라는 칭송을 받으며 최근 한 스포츠웨어 회사 광고에 등장한 그는 이렇게 이야기합니다.

"내 이름은 리오넬 메시, 내 얘기 한 번 들어볼래? 난 열한 살 때 성장호르몬에 문제가 있다는 걸 알게 됐어. 하지만 키가 작은 만큼 난 더 날쌨고 공을 절대 공중에 띄우지 않는 나만의 축구 기술을 터득했어. 이제 난 알아. 때로는 나쁜 일이 아주 좋은 결과를 낳기도 한다는걸. 불가능, 그건 아무것도 아니야."

그는 11세 때 왜소증을 앓아 키가 170센티미터가 채 되지 않습니다. 185센티미터가 훌쩍 넘는 선수들이 즐비한 해외 축구계에서는 그야말로 '꼬마'인 셈입니다. 그래서 그는 자신의 단점은 최소화하고 강점을 최대한 발휘하는 전략을 펼칩니다. 몸싸움을 최소화하고 작은 몸집을 이용해 좁은 틈새를 활용한 환상적인 드리블을 선보인 것입니다. 아무도 메시가 축구 선수로 대성할 수 있을 것이라고 기대하지 않았습니다. 하지만 메시는 자신의 단점보다는 강점을 돋보이게 만들었고, 오늘날 세계인의 이목을 집중시키는 대선수가 될 수 있었습니다.

하지만 그가 지금의 위치에 오르게 된 결정적인 이유는 그의 능력을 발견하고 키워준 부모의 질문에 있었다고 할 수 있습니다. 남들보다 키가 작은 메시를 보며 그의 부모는 절대 제한적인 발언을 하지 않았다고 합니다. 또 세계 최고의 축구선수가 되고 싶다는 아들의 치료비를 댈 능력이 없었지만 스페인 바르셀로나로 이주하는 것으로 돌파구를 찾았습니다.

성적이 우수한 아이들의 공통점은 '나는 노력하면 할 수 있는 사람'이라는 긍정적인 자기 이미지를 가지고 있다는 것입니다. 결국 자기 이미지가 높은 아이가 공부도 잘합니다. EBS《어머니 전》이라는 책에서 하버드대 교수이자 정신건강 상담사인 조세핀 킴(Josephine Kim)은 이렇게 말했습니다.

"자존감은 기초적인 기반이라고 얘기할 수 있어요. 그 위에 아무리 좋은 학력을 쌓고, 많은 경험을 더해도 자존감이 흔들리면 쉽게 무너질 수 있죠. 하지만 이 기반이 딱 잡혀 있으면 위에 무엇이 쌓여도, 위의 것들이 흔들려도 끄떡없어요. 자존감은 그런 것이죠. 저 역시 어려움을 많이 겪었어요. 그럼에도 어떻게 잘 이겨낼 수 있었을까 생각해보면 자존감 때문이었구나 싶어요."

《오체불만족》으로 유명한 일본의 오토다케 히로타다(乙武洋匡)는 해표지증, 즉 선천적으로 사지가 잘린 상태로 태어났습니다. 그러나 그의 부모는 아이의 장애를 쉬쉬하지 않고 이웃에게 알리며 편견 없이 키웠습니다. 부모의 관심과 격려 속에 그는 누구보다 행복한 성인으로 성장했습니다.

두 다리가 없는 아이를 4세 때 입양해 식당 일, 대리운전까지 하며 수영선수로, 강연가로 키운 양정숙 씨도 위대한 어머니 중 한 분입니다. 다리가 없어 아무것도 할 수 없다는 세진 군에게

"세진아 걷는 것? 중요하지 않아. 네가 걷다가 넘어졌을 때 다시 일어날 줄 아는 것이 중요해"라는 말을 들려주었다고 합니다. 그리고 "어떻게 생겼는지 중요하지 않아. 어떻게 살아갈지가 중요하다고 생각해"라고 말해 자신감을 키워주었다고 합니다.

이렇게 멋진 말을 듣고 자란 세진군은 9세에 의족을 끼고 5킬로미터 달리기를 완주하고, 해발 3,870미터의 로키산맥을 등정합니다. 그리고 2009년도에는 세계장애인선수권 수영대회에 출전해서 금메달 3개와 은메달 4개를 땄습니다. 그리고 장애가 없는 사람보다 더 당당하고 자신을 믿는 표정으로 전 세계를 누비며 강의를 하는 김세진 군의 모습은 많은 감동을 주었습니다.

자녀들의 성공 요인은 타고난 재능과 능력보다는 "나는 할 수 있다"라는 생각을 얼마만큼 크고 지속적으로 가지고 도전하느냐에 달렸습니다. 이 말은 자녀의 성공이 부모의 말로 얼마나 자신감과 긍정적 사고를 심어주었느냐에 달렸다는 것과 같습니다.

Mother's words

★ "너는 네 생각보다 더 잘할 수 있어!"
★ "우리는(엄마 아빠는) 너의 결정을 믿는다!"
★ "너는 사실은 잘할 수 있어. 엄마는 그걸 알고 있어."
★ "와, 네 개나 맞췄어? 다음에는 더 잘할 수 있을 거야. 다음에는 다섯

개에 도전해보자."

★ "괜찮아, 엄마도 어릴 때 실수를 엄청 많이 하면서 자랐어. 어떻게 하면 더 잘할 수 있을지 같이 생각해보자."

★ "너는 너의 재능을 어떤 일에 쓰고 싶니?"

★ "집중력이 대단하고 근성 있구나."

★ "나는 할 수 있다. 나는 뭐든지 이룰 수 있다."

★ "꿈은 이루어진다."

★ "너는 모든 면에서 점점 좋아지고 있단다."

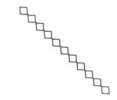

외모 컴플렉스가 심한 아이에게

눈이 작은 여학생 두 명이 있었습니다. 한 명은 모든 인생의 어려움을 자신의 '작은 눈' 탓을 합니다. 나머지 한 명은 모든 성공의 경험을 자신의 '매력 있는 동양적인 눈' 덕분이라 생각합니다. 심지어 작은 눈을 탓하는 아이보다 매력 있는 눈이라 생각하는 아이의 눈이 더 작습니다. 이 두 명의 여학생은 왜 이렇게 다른 생각을 하게 된 걸까요?

매년 교실에는 공부도 잘하고 외모도 출중한 학생들이 한 명은 있습니다. 제가 만난 한 학생은 가정환경까지 남부러울 것 없었음에도 불구하고 자신감이 많이 결여되어 있었습니다. 시키면 마지못해 발표했지만 먼저 손을 들지는 않았습니다. 그리고 거의 웃지 않아 얼굴이 예쁨에도 불구하고 어딘가 모르게 우울해 보였습니다. 반면 개그콘서트의 개그우먼을 닮은 여학생이 있었는데, 매사에 자신감이 돋보였습니다. 학예회를 할 때도 가장 앞줄에 서고 싶어 했고 음악시간에 악기를 배우면 꼭 혼자 연주하는 모습을 친구들에게 보여주고 싶어 했습니다. 자신감으로 충만한 모습이 언제나 예뻤습니다. 이 두 학생이 이렇게 차이 나는 자신감을 갖게 된 것은 어릴 때부터 부모가 어떤 말을 들려주었는지에서 시작되지 않았나 추측해봅니다.

아이들은 부모가 말하는 대로 자라지 않고 부모가 보여주는 대로 행동합니다. 부모가 신체적인 콤플렉스를 매순간 의식하면서 자신감을 잃어 가는 유형이라면 자녀는 그 사고방식까지도 복제하게 됩니다. 한라산에 등산 갔을 때였습니다. 아이 둘을 데리고 온 어머니께서 본인은 키가 너무 작아서 절대 지면으로 내려올 수 없다고 하면서 키 높이 운동화를 신고 출발했습니다. 등산화를 신어도 힘든 산행길인지라 중도에 포기하는 모습을 보게 되었습니다. 물론 요즘은 외모도 경쟁력이 되는 시대이기에 너무 푹 퍼진 모습보다는 끊임없이 자기 관리하는 엄마의 모습을 보여주는 것이 좋기는 합니다.

그렇지만 끈기와 도전 정신이 더 강조되어야 할 산행에서도 자신의 콤플렉스에 집중하는 모습은 보기 좋지 않았습니다. 결국 그 아이들은 엄마의 신발 덕분에(?) 목적지까지 도달하지 못하고 되돌아갔습니다. 아이들도 엄마처럼 힘들어했다면 그나마 다행인데 그 집 아이들은 날다람쥐처럼 산을 정말 잘 올라갔고, 사회과부도에서 본 백록담을 꼭 보고 싶어 했기에 더 안타까웠습니다.

반면 부족한 면을 자신만의 개성으로 바꿀 줄 아는 부모 밑에서 자란 아이는 단점도 장점으로 승화시키는 매력을 가지게 됩니다. 교실에서 만난 학생 중 객관적으로 아주 예쁘지는 않지만 자존감 하나는 1등인 친구가 있었습니다. 그 어떤 상황에서도 당당하고 자신감 있는 그 아이의 매력 있는 모습에 어른인 저도 벤치마킹해야겠다고 생각할 정도였습니다. 그리고 높은 자존감의 근원이 몹시 궁금하기도 했습니다. 학부모 상담 때 만난 그 학생의 어머니는 무척 밝고 긍정적인 에너지가 많았습니다. 정말 '초긍정 에너자이저' 그 자체였습니다. 표정도 밝고 자세도 곧았지만 자태 또한 우아하면서도 당당했기에 더 빛이 났습니다. 이 가정의 가훈 또한 '나 자신을 사랑하자'라고 했습니다. 부모의 자존감이 자녀의 자존감이라는 것을 확실하게 알 수 있는 경험이었습니다.

뛰어난 음악성과 창의력이 돋보이는 싱어송라이터이자 남매 그룹인 '악동뮤지션'은 부모님들께서 언제나 멋지고 예쁘다는 말씀을 많이 해주셔서 정말(?) 그런 줄 알았다고 합니다. 그 덕분에 주저 없이 케이팝 스타에 도전할 수 있었고, 우승까지 할 수 있었다고 생각합니다. 작곡도, 노래도 잘하지만 무엇보다 누구 앞에서나 자신만만한 모습이 참 멋지고 예뻤습니다.

미국의 팝가수 마돈나는 어린 시절에 못생긴 외모 때문에 고민했다고 합니다. 그런데 어느 날 무용 선생님에게 "고대 로마의 신상처럼 아름답구나"라는 칭찬을 받은 뒤로 자신감을 얻어 지금과 같은 가수가 될 수 있었다고 고백했습니다.

제가 개인적으로 가장 싫어하는 것이 '대안 없는 비판'입니다. 자녀들에게 대안도 없이 비판하기 전에 자신의 의지로 얼마든지 개선시킬 수 있는 것들에 대해서 격려하고 이미 가지고 있는 매력에 대해 칭찬하시길 바랍니다.

Mother's words

★ "너는 동양적 눈이 매력 포인트야."

★ "너는 너만의 매력이 있어."

★ "키가 크지 않지만 너의 당당한 태도가 정말 좋아. 그리고 네 몸무게는 나이와 키에 적합해. 결코 비만이 아니야."

★ "사람의 외모보다 더 중요한 것은 사고력과 심성이란다. 마음과 생각이 훌륭한 사람은 화려한 겉모습만을 부러워하지 않는 법이야."

★ "외모가 예쁜 사람이 대접받는 것이 아니라 하는 행동이 예쁜 사람이 어디를 가든 환영받는단다."

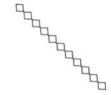

발표를 어려워하는 아이에게

숫기 없고 사람들 앞에 서기 싫어하는 아이들의 마음도
잘 이해해줄 필요가 있습니다.

얼마 전 교실에서 있던 일입니다. 평소 수업 태도도 좋고 저를
잘 따르는 학생이 있습니다. 그 아이의 눈빛은 분명 '발표하고 싶
다'였는데 다른 친구들이 손들어서 발표하는 동안에도 손을 안
들었습니다. 그래서 제가 "준수가 손은 안 들었지만 발표하고 싶
다는 텔레파시를 보내더라고. 한번 발표해볼까?"라고 말하니 종
일이의 짝꿍이 "우와~ 선생님 어떻게 아셨어요? 안 그래도 저한
테 귓속말로 발표해보고 싶다고 말했어요"라고 말해주었습니다.

이렇게 제가 눈빛을 보고 아이의 마음을 읽은 경우에는 다행
인데, 여러 명의 학생을 상대로 수업을 하다 보면 놓칠 때가 있습
니다. 분명 모든 아이의 심리와 의도를 간파하지 못할 때가 있을

것입니다.

　교사들만 받는 연수나 교육프로그램에 가면 누구나 앞자리에 앉고 적극적으로 발표하는 모습을 상상하실지도 모르겠습니다. 그렇지만 제일 첫 번째 줄은 비워두고 채워지기 시작합니다. 첫 시간 강사님이 자기 소개라도 시킨다면 웅성웅성거립니다. 여기 저기서 "나 자기 소개하는 것 제일 싫은데", "이런 거 좀 안 하면 안 되나……" 하는 이야기도 들려옵니다. 저 또한 마찬가지입니다. 많은 사람 앞에서 수업을 하는 직업을 가진 교사들도 이런데 아이들이 뒤로 빼는 것은 어쩌면 당연하다는 생각마저 들었습니다.

　수줍음과 자신감은 별개의 문제입니다. 평소에 수줍어하거나 얌전해도 자신감이 있는 아이가 있는가 하면, 반대로 수줍음은 없는데 자신감이 없는 아이도 있습니다. 저 또한 신참 교사일 때는 이 차이점을 인지하지 못했는데, 경력이 쌓일수록 수줍어하면서도 발표나 학급 임원 등 할 건 다 하는 학생이 있는가 하면, 수줍음은 없는데 자신감 또한 없어 새로운 도전에 무심한 아이들이 있다는 것을 알게 되었습니다.

　교실에서 "발표해볼 사람?"이라고 말했을 때 손을 번쩍 혹은 소심하게 들었다가도 얼른 내리면서 "아니어요"라고 말하는 학생들이 생각보다 많습니다. 교사가 된 지 얼마 안 됐을 때는 '쟤가 나를 잡고 장난치나!'라고 부정적으로 받아들일 때도 있었지만 아이들의 특성을 알고 보니 좋은 의미였습니다.

내면에 발표해 보고 싶은 마음은 가득하나 생각만큼 발표할 내용이 머릿속으로 정리가 안 되었거나 소심함이 다시 발동하는 것입니다. 그럴 경우 왜 손을 들고 말을 안 하냐고 다그치고 다음부터는 말할 내용을 정리부터 하고 손들라고 한다면 아이들은 손들기가 더 부담스러울 것입니다. 그럴 땐 교사인 제가 "그럼 ○○이가 생각을 정리해 보는 동안 다른 친구가 발표해 볼까?"라고 아무렇지도 않은 듯 시간을 조금 더 주고 이왕 손든 것 끝까지 완수할 수 있게 격려해줍니다.

교실에서 이런 일도 있었습니다. 가훈을 알아오거나 가족회의를 통해 가훈을 만들어 보는 숙제가 있었습니다. 손을 들어 숙제를 발표하는 시간을 가졌습니다. 듬직하게 생긴 남학생이 손을 들더니 빛의 속도로 다시 내립니다. 해 보라고 했더니 부끄러워서 몇 번을 거절합니다. 그래도 웃으며 계속 권했더니 "잠시만요, 한번 연습해 보고요" 하더니 앉아서 아주 작은 목소리로 한번 읽어봅니다. 그리고는 발표를 합니다. 예전의 저 같았으면 "3학년이나 돼서 무슨 발표 하나 하는데 연습씩이나 하니?"라고 말했을지도 모릅니다. 그러나 예전에 비해서는 말의 중요성을 깨달은지라 "역시 연습한 사람은 다른데? 발표 잘하네. 그래서 연습이 필요한 건가 보다. ○○이가 발표한 '일체유심조'는 선생님도 정말 좋아하는 말인데 멋진 가훈이구나"라고 말해주었습니다. 이렇게 잘 기다리고 인정해주면서 몇 달을 같이 지내다 보면 이런 학생도 수줍음이 점점 줄어듭니다. 그 아이는 나중에 반에서 발표를 제일 잘하는 학생이 되었습니다.

매년 공개 수업을 해 보면 평소 발표를 정말 잘하던 아이는 긴장해서 발표를 잘 못하고, 평소에는 잘 안 하던 아이들 중 약간의 쇼맨십이 있거나 발표를 잘하면 원하는 걸 사준다는 등의 엄마와 거래(?)가 이루어진 아이들은 손을 번쩍 번쩍 듭니다. 보는 사람들이 있는 날 더 잘하는 아이들이 귀엽기도 합니다. 공개 수업 참관을 하러 가서 설령 아이가 평소보다 더 소심해져도 실망하거나 낙담하지 마시길 바랍니다. 그럴 때는 부모님의 어릴 때 소심했던 경험을 재미있게 들려주면서 마음을 더 편히 가질 수 있도록 격려해주고 믿어주시기 바랍니다.

"팔이 없니, 입이 없니? 왜 발표를 못해?"

"네 실력은 결코 대단한 게 아니야. 착각하지 마."

"옹알옹알 아직도 옹알이 하니? 네 나이가 몇인데 아직까지 그 모양이야?"

"공개 수업 때 보니까 민수는 발표도 참 잘하던데 민수 엄마가 부럽더라."

"엄마는 안 그랬는데. 아빠 닮아서 저래, 숫기가 없어."

"사내자식이 그래 가지고 군대는 가겠니?"

"사내자식이 그렇게 소심해서 어디다 써먹니?"

'나이는 숫자에 불과하다. 넥타이와 청바지는 평등하다' 등 수많은 광고와 카피를 만든 광고인 박웅현 씨는 요즘 방송에 출연도 하고 수많은 사람들 앞에서 강연도 합니다. 작년에는 한 대학교에서 강의를 하길래 직접 들어보았습니다. 그는 수많은 대학생들 앞에서도 전혀 긴장하는 기색 없이 유익한 강의를 펼쳤습니다.

그런 사람이 초등학교 시절에는 상장을 받으러 교실 앞에 나가는 게 죽기보다 싫었다고 합니다. 대학생 때는 문화상 수상자였으나 수상식에 참석하는 것이 싫어 시상 직전에 술을 엄청 마셨다고 합니다. 인사불성이 되면 수상식에 참석하지 못할 테니까요. 이렇듯 지금은 명강사가 된 사람도 초등학생일 때는 상을 받으러 앞에 나가는 것조차 꺼렸다니 숫기 없고 사람들 앞에 서기 싫어하는 아이들의 마음도 잘 이해해줄 필요가 있습니다.

작년에 현대백화점 문화센터에 강의를 나간 적이 있습니다. 그곳에서 소극적인 어머니들은 제가 하는 강의만 들으실 뿐이지만 적극적인 어머니는 평소 궁금했던 점, 강의에서 실천하고 싶은 것에 대한 노하우 등을 끊임없이 질문하십니다. 그래서 수업이 끝나고도 보통 20~30분의 질의응답 시간이 이어집니다. 질문을 보면 그 사람의 지적 수준과 생각 정도를 가장 빨리 알 수 있다는 말이 있습니다. 진취적인 어머니들의 질문들은 저에게 새로운 깨달음을 줄 정도로 중요한 포인트를 잡아내는 것들이었습니다. 이렇듯 아이들에게 평소 모르는 것을 질문하는 모습을 보여준다면 아이들도 교실에서든 어디 가서든 손을 잘 들것이라 확신합니다.

60억 인구 중에 똑같은 사람은 단 한 명도 없습니다. 우리 아이만의 고유의 개성과 장점을 이끌어주고 발전시켜줄 수 있는 엄마가 되었으면 합니다. 그런 엄마에게 교육받은 아이는 잘하지 못해도 손부터 듭니다. 속으로는 하고 싶어도 엉덩이부터 빼는 아이가 교실에서 점점 사라졌으면 좋겠습니다.

Mother's words

★ "엄마도 2학년까지는 부끄럼이 많아 발표를 잘 못했는데 3학년부터 용기 내어 해 보니 별거 아니더라구."

★ "꼭 완벽할 필요는 없어. 완벽하지 않아도 소신껏 자신의 생각을 표현할 줄 아는 용기가 멋진 거란다."

★ "손을 아예 안 드는 사람보다 시도라도 하는 사람이 멋진 거야. 우리 아들 장하다. 그렇게 하다 보면 발표 실력도 점점 늘어나는 거지."

★ "우리 아들 엄마 닮아 부끄럼이 많은데도 그렇거 발표도 하고 엄마보다 낫네. 엄마는 그런 네가 자랑스럽더라."

★ "부끄러운 게 당연한 거야. 엄마도 낯선 사람이 많은 곳에 가면 아직도 부끄러운걸?"

★ "그 정도면 잘하는 거야. 엄마는 초등학교 때 너보다 더 부끄럼도 많

고 손도 못 들었어.”

★ “누구나 첫 시작은 어렵고 힘든 거야. 발표도 한두 번 해보면 익숙해
지고 즐거워질 수 있지.”

★ “너는 할 수 있어. 너는 어릴 때부터 용감한 아이였어.”

자신감이 부족한 아이에게

완벽한 부모가 되는 법은 없지만 부모라는 직업에서
가장 중요한 업무는 자녀의 '자신감'을 키워주는 것입니다.

제 친구가 6학년 담임을 하면서 겪은 일이라고 합니다. 남학생에게 발표해보라고 하자 그 자리에서 엉엉 울어 무척 당혹스러웠다고 합니다. 그래서 어떻게 했냐고 물었더니 그날은 자리에 돌아가게 하고 자신감을 살려준다고 생각하기보다는 '기'를 살려준다는 생각으로 지도했더니 몇 달 뒤에는 발표를 시켜도 울지 않고 했다고 말했습니다.

담임 선생님들은 '기'가 너무 센 아이의 경우 조금 눌러줄 때도 있고 자신감이 너무 부족한 경우는 '기'를 살려주려고 합니다. 이때 자신감이 없는 아이의 경우 대놓고 관심을 갖고 치켜세워주면 오히려 자신만의 동굴로 숨어버리는 경우도 있어 정말 가랑비에 옷 젖듯이 사소하고 작은 것부터 칭찬하려고 노력합니다.

교실에서 보면 성적이 높은 것도, 외모가 우수한 것도, 예체능이 뛰어난 것도 아닌데 눈빛부터 초롱초롱하고 매사 당당하고 자신감 있는 아이들이 있습니다. 이런 아이들은 부족한 실력만 채워주면 되는데 기본적으로 자존감이 높기 때문에 실력의 향상 속도도 빠른 편입니다. 그리고 무기력하지 않고 항상 활기차며 웃는 얼굴이라 보는 사람도 긍정 에너지를 받게 됩니다.

반면 지성과 미모, 집안의 경제력까지 다 갖춘 아이가 이상할 만큼 자신감이 없는 안타까운 경우가 있습니다. 이런 경우 학부모님과 상담하면서 원인을 찾아보면 대부분 부모님이 과하게 엄격하고 완벽주의라 기대치가 너무 높은 경우가 많습니다. 그래서 칭찬과 격려에 인색합니다. 아이를 온전하게 믿어주지 못하고 사랑을 아끼다 보니 아이는 지나치게 부모의 눈치를 살피고 주눅이 들어 있습니다.

"뭐 잘하는 게 있기를 하나? 만날 이불 속에서 뒹굴기나 하고. 너도 다른 애들처럼 밖에 나가서 놀기라도 해!"
"안 그래도 엄마 힘들어 죽겠는데 너까지 왜이래?"
"너 엄마 딸 맞니? 엄마는 학창 시절에 안 그랬어!"
"쯧쯧, 잘하는 게 뭐니?"

"오르지 못할 나무는 쳐다보지 말랬지?"

"그러게 엄마가 조심하라고 몇 번을 말했잖아!"

"쓸데없이 일을 왜 만들어! 네가 이렇게 안 해도 엄마 힘들어."

"너 참 잘한다. 내 아들이지만 엄마가 봐도 가끔 존경스러운 부분이 있어!"라는 말을 들은 아이는 자신의 가능성을 무한대로 열어둡니다. "요즘 부쩍 더 멋져졌네. 엄마도 이건 할 수 없는 건데 대단하다"라는 말을 들은 아이는 자신이 할 수 있다는 생각을 점점 강하게 하게 되고 자기 자신을 믿게 됩니다. "네가 엄마 딸로 와줘서 참 고마워. 엄마는 축복 받았네"라는 말을 들은 아이는 타인에게도 상냥함과 긍정적 마인드로 대하게 됩니다.

심리학 전문가들은 말합니다. 사람을 가장 쉽게 설득하는 방법은 '감동'을 선사하는 일이라고 합니다. 어떤 자기계발서에서는 성공한 사람과 그렇지 못한 사람들의 차이로 사람을 감동시키는 능력의 유무를 꼽았습니다.

워킹 맘이라서, 아이가 학원을 많이 다녀서 오랜 시간 대화를 나눌 시간이 없다면 칭찬의 말을 여기저기 붙여놓으면 어떨까요? 간식을 좋아하는 아이라면 냉장고 문에, 변비가 있는 아이라면 변기에 앉았을 때 보이는 벽에도 붙여놓습니다. 뇌는 귀로 듣는 칭찬도 좋아하지만 눈으로 읽는 칭찬도 좋아합니다. 또한 손 편지의 위력과 감동은 실로 대단합니다. 달로 전해지지 않는 마음까지도 전달되며, 언어로 설득하지 못한 부분까지도 가능합니다.

세상에서 부모가 되는 일보다 더 중요한 직업은 없다고 합니다. 매일 아이들을 보는 것이 일이다 보니 저 말에 깊게 공감하게 됩니다. 부모란 가장 가치 있는 직업인데 세상에 완벽한 부모님은 존재하지 않습니다. 다만 조금 더 완벽해지려고 노력하는 부모님들만 계실 뿐입니다. 그 이유는 아이들은 각자의 사용설명서를 가지고 태어나지 않으며 그 어떤 부모도 부모가 되는 방법에 대해 배운 것이 없기 때문입니다. 부모라는 직책이 굉장히 어려울 수밖에 없는 것은 결코 미리 배울 수 있는 분야가 아니기 때문입니다. 자녀를 키우면서 동시에 익히고 시간이 지나면 더 큰 깨달음을 얻는다고 합니다.

완벽한 부모가 되는 법은 없지만 부모라는 직업에서 가장 중요한 업무는 자녀의 '자신감'을 키워주는 것이라 생각합니다. 아무리 뛰어난 능력을 가진 사람도 자신을 믿지 못하면 그 어떤 일에도 도전하려 하지 않습니다. 반면 자신의 능력이 조금 부족해도 부모가 자신을 믿어주었기에 자신도 자신을 믿는 사람은 자신의 꿈을 향해 끊임없이 도전합니다. 세상에서 가장 소중한 '부모'라는 직업을 가지신 분들은 잡무에 에너지를 쏟지 말고 올해만큼이라도 가장 중요한 업무인 '자신감 UP 프로젝트'에 매진해 보길 추천해드립니다.

Mother's words

★ "네가 무슨 일을 하든지 한 가지만 명심하렴. 그게 옳은 일인지 옳지 않은 일인지가 가장 중요해. 옳다는 확신이 들 때는 적극적으로 행동해야 한단다."

★ "오르지 못할 나무는 사다리를 가지고 와서라도 오를 수 있는 그런 진취적인 사람이 멋진 거야."

★ "요즘 부쩍 더 멋지네. 엄마도 이건 할 수 없는 건데 대단하다."

★ "실수했지만 괜찮아. 엄마를 도와주려 하다니, 기특한 우리 아들."

수줍음이 많아 소극적인 아이에게

초등 교육은 자신을 아끼고 사랑해서
높은 자존감과 자신감 갖기가 전부라는 생각도 합니다.

교실에서 아이들을 지도할 때 가장 속 터지는 순간은 쉬는 시간에는 거침없이 말을 잘하던 아이가 수업 시간만 되면 자동으로 목소리가 작아지고 교사인 저와 눈도 못 맞출 때입니다. 지속적인 격려와 칭찬에도 나아질 기미가 안 보일 때는 원인을 분석해 보기도 합니다. 보통은 이런 경우 아이의 어머니께서도 상담에 오셔서 굉장히 부끄러워하시며 낯을 가리고 저와 눈도 제대로 못 맞추는 경우가 많습니다.

보통 공개 수업이나 학부모 상담 기간 그리고 운동회나 학예회 때에는 어머니들께서 학교에 많이 오십니다. 적극적인 어머니들은 저에게 평소 자녀에 대해 궁금했던 점을 상담하고 보통

의 어머니들께서는 사람이 많아 복잡하면 서로 눈인사만 하고 가십니다. 반면 굉장히 소극적인 분들은 아므리 눈인사를 하려고 해도 고개조차 저한테 돌리지 않아 1년 내내 눈 한 번 맞추지 못한 분도 있습니다. 그러고는 상담 시간에 자신은 활달하고, 사교적인데 과묵한 아빠를 닮아 아이가 소심하다고 하소연하는 경우도 있습니다.

이런 아이와 지내다 보면 정말 속이 터지는 일이 한두 가지가 아니어서 저학년 때 담임 선생님들과 대화해 보기도 합니다. 그러면 "많이 좋아진 거야. 내가 담임할 때는 더 심했거든"이라는 말을 듣게 됩니다. 그 후 소극적인 아이도 자라면서 점점 좋아진다는 점에 집중하게 되었습니다. 그럴 경우 친구들에 비해 부족한 면을 부각시키기보다는 예전보다 발전된 모습을 축하해주고, 격려해주어야 합니다. 그러면 아이도 조금씩 자신이 나아지고 있음을 알게 되어 안심하고, 더 힘을 내기 때문입니다.

다행인 것은 우리 아이들은 정말 안 변할 것 같아도 조금씩 서서히 혹은 한순간에, 한꺼번에 변하기도 합니다. 수업 시간에 옹아리 수준으로 발표해 1년간 저를 답답하게 만든 학생이 몇 년 뒤 우연히 복도에서 만나면 소리를 지르며 안기는 일도 있습니다. 1년 내내 손을 들기는커녕 자기 순번이 되어도 발표 안 시키면 안 되냐며 대놓고 난처함을 호소하던 아이가 학년 말에 손을 번쩍 드는 모습을 보면 담임 선생님인 저는 세상을 다 가진 듯 행복하기도 합니다. 교직에 있으면서 가장 보람된 순간을 말하라고 하면, 가르쳤던 아이가 잘 자라 '특목고'에 진학했을 때보다 이런 순간입니다.

게다가 남자아이들은 여자아이보다 뇌 발달이 2년 정도 느리다고 합니다. 특히 언어를 담당하는 뇌 영역과 집중력을 결정짓는 전두엽의 발달이 느립니다. 그래서 초등학교 남학생이 여학생보다 말도 더 어눌하고 학습 능력도 떨어지는 경우가 많은 것입니다.

정신과 전문의이자 의학 전문기자로도 활동 중인 이충헌 교수는 《아들은 아빠가 키워라》라는 책에서 딸과 아들의 차이를 설명하면서 언어 발달은 부모가 재촉한다고 되는 것이 아니라는 전문가의 의견을 보여주고 있습니다.

'딸은 감정을 담당하는 뇌 영역이 언어 영역과 밀접하게 연결돼 있다. 그만큼 자신의 감정을 언어로 표현하기 쉽다. 하지만 아들은 뇌의 감정 부위와 언어 영역 사이의 연결이 약하다. 딸에게 "네가 그런 상황이라면 기분이 어떻겠니?"라고 질문하면 곧잘 대답한다. 하지만 아들에게 이런 질문은 어렵고 따분할 뿐이다. "그런 경우라면 넌 어떻게 하겠니?"라는 질문이 더 적합하다.

태릉선수촌에서 성격 좋기로 유명한 역도선수 장미란 씨도 학창 시절 선생님에게 할 말이 있을 때에는 주변에 사람들이 없어질 때까지 기다렸다고 합니다. 그렇지만 지금은 유머러스하고 성격이 활발해 국가대표 선수들 사이에서도 인기가 높다고 합니다. MBC 황금어장 〈무릎팍도사〉에 나왔을 때도 수줍은 듯 자신의 생각과 의견을 소신껏 풀어내는 모습이 인상적이었습니다. 그러니 너무 걱정하지 않으셔도 괜찮습니다. 아이들의 성격은 과거 완료형이 아니라 현재 진행형이라서 언제든 어떻게든 좋아질 수 있는 영역이기 때문입니다.

아이가 집에서는 쾌활하고 말도 잘하는데 학교에 가면 발표도 제대로 못해도 "엄마는 안 그런데 너는 도대체 누굴 닮아 이러니?"라고 말하기보다 "엄마도 저학년 때는 부끄럼이 많아서 친구들 앞에서 발표도 잘 못했는데 3학년이 되고 학교생활에 적응하니 발표하는 것도 재미있더라고. 그러니 너도 점점 좋아질 거야. 자신감을 가져!"라는 말을 무한 반복 들려주세요. 아이들도 한두 번 들을 때는 '내가 과연 잘할 수 있을까? 설마……' 하고 반신반의하다가 수십 번 듣다 보면 무의식적으로 '나도 학년이 올라갈수록 더 잘할 수도 있겠다!'라고 생각하게 됩니다. 저는 이런 과정을 '무의식에 햇살과 물 주기'라고 표현합니다.

사람의 가장 중요한 장기인 심장은 우리의 의지와 의식에 따라 움직이는 것이 아닙니다. 심장과 호흡은 의식이 아닌 무의식의 세계가 관장합니다. 마찬가지로 사람의 행동은 의식이 아닌 무의식의 지배를 더 많이 받는다고 합니다. '사람의 뇌는 어떠한 어려운 문장과 책이라도 77번 반복해 외우면 외울 수 있다'라는 말이 있습니다. 이처럼 70회 이상 긍정의 말을 들려준다면 무의식에 각인되고 있을 것입니다. 그렇기 때문에 무의식에 햇살과 물을 많이 주는 엄마가 되어야 합니다.

미국의 하버드대학 교육학과 조세핀 킴 교수는 이렇게 말합니다.

"자존감은 성공적인 인생을 살아가는 데 꼭 필요한 핵심 요소 중 하나다. 기본적으로 우리 자신에 대한 신념들의 집합이다. 자존감의 가장 중요한 핵심 두 가지는 자기 가치와 자신감이다. 자존감은 학업뿐 아니라 삶의 모든 영역에 영향을 준다."

다른 사람들과 눈을 못 맞추고, 심하게 낯가림하는 것도 결국은 자기 자신에 대한 확신과 자신감 부족이 아닐까 싶습니다. 낯가림의 근본 원인에는 타고난 성격이나 기질도 있겠지만 자기 자신에 대한 호감을 끌어올리고 자존감을 키워 나간다면 친구를 사귀는 것도, 낯가림 문제도 함께 해결되리라 믿습니다.

자존감이란 결국 '자신을 존중하는 마음'입니다. 부모가 자녀를 사랑하고 존중해주면 아이 또한 자신을 존중하는 마음을 가질 수 있습니다. 초등 교육은 자신을 아끼고 사랑해서 높은 자존감과 자신감 갖기가 전부라는 생각도 합니다. 이것만 제대로 이루어져도 나머지 적성 계발이나 학업 성취는 저절로 따라오기 때문입니다.

"그래서 친구는 만들겠니? 학교 가서 왕따 당할까 걱정이다."
"엄마는 활동적인데 너는 왜 그러니?"
"사람 눈도 제대로 못 쳐다봐서 다음에 장가는 가겠니?"
"외국에서는 사람 눈도 제대로 못 쳐다보면 범죄자 취급 받아. 한심하게."

자기계발서나 자녀 교육서를 보면 어떤 주제로 이야기하든 마지막은 자존감과 자신감으로 마무리되는 경우가 많습니다. 그만큼 중요한 요소이기 때문입니다. 어른들을 위한 자기계발서를 읽어봐도 그러합니다. 더 많이 시도하고 '즉시, 반드시, 될 때까지 하라'고 강조합니다. 이 모든 것이 이루어지기 위해서도 그 밑바탕에는 자신을 믿을 수 있는 저력이 필요합니다.

저는 지금도 새로운 도전을 하거나 강의를 하러 가거나 공개수업을 할 때 자기최면을 겁니다. "나는 뭐든지 잘할 수 있는 멋진 여자야. 마음먹고 하면 못할 게 없어!" 낯가림을 없애는 것에 주력하지 말고 엄마와 아이가 함께 '자신감 UP 프로젝트'로 자신을 믿어주는 문장을 소리 내어 말하는 것에 하루 3분만 투자한다면 인생 전체에 큰 변화가 있을 것이라 믿습니다.

Mother's words

★ "붙임성 있고 사교적인 성격도 연습하면 얼마든지 좋아질 수 있단다."

★ "사람은 누구나 단점이 있어. 단점을 콤플렉스로 생각하지 말고 너의 장점을 크게 생각하렴."

★ "궁금하거나 모르는 것은 언제든지 물어보렴. 모른다는 것은 결코 부끄러운 일이 아니야. 모르는 것을 아는 척하고 그냥 지나치는 것이야말로 가장 안타까운 일이거든."

★ "계속 노력하면, 시간이 지나면 너도 얼마든지 할 수 있어."

작은 위기에도 쉽게 좌절하는 아이에게

유대인 부모들은 늘 자녀들에게 "모든 일이 다 잘될 거야"라는
말을 한다고 합니다.

사람은 누구나 살다 보면 길을 한 번씩 잃고, 한 번은 자기만
의 길을 만듭니다. 아이가 길을 잃고 좌절하고 힘들어할 때, 먼저
길을 잃어본 인생 선배로서 따뜻하게 위로해주어야 합니다. 그
러나 타인에게는 멋진 카운슬러가 되어주는 사람도 자기 자식에
게는 모진 말을 하기도 합니다.

살다 보면 아무리 대비책을 세운다고 해도 예측 불허한 일들
이 연속적으로 일어날 때가 있습니다. 어쩌면 인생은 예측할 수
없기에 더 살아볼 만한 것인지도 모르겠습니다.

저 또한 삶이 힘겨워서 온 우울증으로 힘들 때가 있었습니다.
그때 저는 약 대신 독서를 선택했습니다. 마음이 복잡하고 우울

할 때마다 좋은 책을 읽으면 편안해지고 큰 위안이 되었습니다.

그리고 계속 책을 읽다 보니 어느 순간 쓰고 싶다는 생각이 들었습니다. 그 후 써서 설마 하는 마음으로 출판사에 원고를 보냈고, 다음엔 책으로 출판되어 나왔습니다. 처음에는 우울증 때문에 읽다가 결국 책을 낸 것이죠. 이렇게 고난은 지나고 보면 기회이자 변곡점이 되기도 합니다. 물론 우울증을 책으로만 이겨낸 것은 아닙니다. 괴롭고 힘들 때마다 옆에서 격려의 말을 해주신 엄마가 있었기에 어둠의 긴 터널도 현명하게 지날 수 있었습니다. 엄마가 계시지 않았다면 지금 이 원고를 쓰고 있지도 않겠지요.

모든 인생사가 예측 가능하다면 삶의 의욕을 잃게 되지 않을까요? 아이들에게 인생을 살다 보면 언젠가는 또 만나게 될 고난과 역경을 이겨내는 지혜와 현명함을 배울 수 있도록 따스하게 배려해주시기 바랍니다. 이렇게 자란 아이는 부모가 이런 시간을 보낼 때 똑같이 그리할 것입니다.

아이들이 학교생활을 하다 보면 '학교 폭력, 따돌림, 성적 저하, 학교 부적응, 진로 문제' 등 학교 울타리 안에서도 수없이 많은 문제와 부딪치게 됩니다. 운 좋게 그 어떤 문제도 겪지 않고 학교를 졸업한다면 군대나 회사에 다니면서 맞닥뜨릴 문제를 해결하기 위해 더 큰 대가를 치러야 할지도 모릅니다.

2014년도에 서초구 고급 아파트에 살던 가장이 집 담보로 받은 대출금을 주식으로 날렸다는 이유만으로 딸 둘과 부인을 목 졸라 살해한 사건이 있었습니다. 사건 이후 그 가장의 통장에 잔고가 1억 넘게 들어 있어 전 국민이 놀라움을 금치 못했습니다. 또 피의자의 어머니의 인터뷰 내용도 놀랍기는 마찬가지였습니다. 아들이 어릴 때부터 고난과 좌절을 스스로 극복해 본 경험이 없어서 그런 일을 저지른 것 같다고 했기 때문입니다.

"한심한 새끼, 다른 집 애들은 알아서 잘 극복하던데.'

"엄마도 몰라! 너 알아서 해."

"이런 결과는 당연해. 그렇게 평소에 미리미리 대비했어야지."

"나, 이제부터 네 엄마 아니야. 그만할래."

교사 경력이 늘어날수록 아이들이 커서 행복한 사람이 되기 위해서 꼭 필요한 것은 성적이 아니라는 생각이 듭니다. 좋은 학벌과 스펙보다 '자신감, 회복탄력성, 목표 의식, 열정, 실행력, 긍정적인 태도'가 행복하고 성공한 삶을 위한 필수 요소라는 생각이 듭니다. 이런 요소들은 인생이 계획대로 진행되고 어려움 없이 편안하게 흘러갈 때보다는 힘든 일도 겪어 보고, 좌절을 극복해 나가는 과정에서 길러집니다.

그래서 자녀가 힘들 때일수록 부모가 따뜻한 말, 힘나는 말을 들려주고 헤쳐나가는 힘을 길러줘야 삶을 더 멋지게 꾸려나갈 용기가 생깁니다. 자녀들이 힘든 시간을 보낼 때 해주는 말 한마디가 진짜 힘을 발휘합니다.

'오만 가지 생각을 다 한다'라는 표현이 있습니다. 그러나 사람은 의지와 상관없이 하루에 약 칠만 가지의 생각이 떠올랐다 사라진다고 합니다. 특히 힘든 일을 겪고 있으면 아이라도 오만 가지, 칠만 가지 부정적인 생각이 듭니다. 그럴 때 엄마가 나쁜 기운을 거둬주고 긍정적인 생각, 미래 지향적인 발상을 할 수 있도록 도와줘야 합니다. '고민'을 반복하기보다 진정한 '생각'을 할 수 있도록 방향을 제시해주는 것도 어른이 해주어야 할 일입니다.

이럴 때 치킨을 좋아하는 아이라면 맛있는 치킨을 함께 먹으며 'KFC 할아버지' 이야기를 들려주는 것은 어떨까요?

우리 ○○가 좋아하는 KFC를 제일 처음 세운 사람이 KFC의 창업주인 커넬 할랜드 샌더스야. 샌더스는 다섯 살에 아버지를 잃고, 열 살부터 이웃 농가에서 일을 하며 돈을 벌었단다. 어렵게 초등학교를 졸업한 이후에는 보험 외판원, 유람선 종업원, 철도 소방원, 군인으로 일하다가 스물아홉 살에 주유소를 하나 차렸대. 그런데 경제가 안 좋을 때라 그것도 쫄딱 망했대. 다시 스물아홉 살에 주유소 구석에서 식당을 차려 돈을 모으다가 4년 뒤에 그만 불이 나서 홀라당 다 타버렸지 뭐야. 그래도 거기서 굴하지 않고 다시 식당을 열어 25년간 열심히 일했대 그런데 식당에 손님이 안 와서 망할 지경이 되었지. 여기서 샌더스가 포기했다면 우리는 이 맛있는 KFC치킨을 못 먹었겠지?

하지만 이 남자는 60세가 넘었어도 '포기'를 모르는 사람이었어. 특별한 닭튀김 레시피를 이용해 체인점을 만들려고 시도했지. 그 길로 전국을 돌며 투자자를 찾아다녔지만 다들 나이 많은 노인을 보며 비웃었대. 그렇게 총 1,008번 거절을 당했다는 거야. 참 대단하지? 결국 1,009번째로 만난 사람의 투자를 받아 세계적으로 유명한 KFC가 탄생할 수 있었대. 샌더스가 1,000번째에 포기했다면 어떻게 됐을까?

저는 이렇게 아이에게 맞는 스토리텔링으로 위로해주는 엄마를 만나면 멋져서 반할 것입니다. 자녀의 나이와 수준에 맞는 힘나는 이야기를 들려주며 마지막 마무리는 "어디선가의 일몰이 어디선가는 일출이란다"라고 말해준다면 얼마나 멋질까요.

일반적으로 '하루'라고 하면 아침부터 저녁까지의 시간을 의미하지만 유대인들은 반대로 해가 지는 순간부터 하루가 시작된다고 생각한다고 합니다. 밝게 시작해 어둡게 끝나는 것보다 어둡게 시작해 밝게 끝나는 것이 훨씬 좋다고 생각하는 민족이기 때문입니다. 또 유대인 부모들은 늘 자녀들에게 "모든 일이 다 잘될 거야"라는 말을 한다고 합니다. 이런 부모의 낙관주의가 전 세계 인구의 0.2퍼센트에 불과한 유대인이 노벨상의 32퍼센트, 자수성가형 백만장자의 다수를 차지한 저력인지 모르겠습니다.

Mother's words

★ "살다 보면 힘들 때도 있어. 지금은 힘들지만 고난과 역경이 너를 더 큰 사람(그릇)으로 만들어준단다."

★ "확실히 조금씩 나아지고 있고 어릴 때부터 넌 끈기가 있었어. 어떤 상황에서도 너를 사랑한단다. 다 잘될 거야. 함께 극복해 나가자."

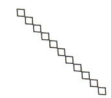

평소 너무 조용한 아이에게

아이의 자신감을 길러주는 데 중요한 것은
부모가 '무슨 말을 하는가'가 아니라 '어떻게 듣는가'입니다.

전 세계 인구의 0.2퍼센트인 유대인들이 노벨상 수상의 32퍼센트를 차지하고 있다고 합니다. 유대인 교육 중 가장 눈여겨볼 것은 '하브루타'입니다. 유대인들은 매순간 뇌가 격동하는 질문과 토론 그리고 논쟁을 합니다. '듣는 교육'이 아닌 '묻는 교육'을 실천합니다. 하브루타란 짝을 지어 질문하고 대화하고 토론하고 논쟁하는 것을 뜻합니다. 어릴 때부터 가정에서 하브루타가 밥 먹는 것처럼 생활화된 유대인들은 학교나 사회에서 자연스럽게 실천하는데, 이는 유대인들이 성공하는 근간이 되었다고 합니다. 가정에서 유대인 가정교육의 하브루타식 교육을 실천하지도 않았는데 아이가 끊임없이 질문하고, 대화하며 자신의 의견을 소신껏 표현할 수 있다면 더할 나위 없이 좋은 것입니다.

우리나라에서는 "그 집 아이는 참 조용하고 순해서 좋겠어요!"라는 말이 칭찬으로 쓰일 수 있겠지만 유대인 부모 사이에서는 이것은 거의 욕과 다름없습니다. 학교 공부가 거의 질문하고 답하는 토론식으로 이루어지기 때문에 만약 순하고 조용하기만 한 아이가 있다면 학교 수업을 따라갈 수 없을 뿐만 아니라 낙제감이기 때문입니다.

아이들과의 3월 첫 만남에서는 대부분의 선생님들이 자신의 이름과 함께 몇 가지 간단한 소개를 한 후 학생들에게도 앞에 나와서 자신을 소개하는 시간을 줍니다. 저도 동호회나 모임에 가서 자기 소개하는 시간이 부끄러웠던 기억이 있어 새로운 활동을 하려고 해도 딱히 떠오르지 않아 3월 첫날은 자기 소개를 시키게 됩니다. 첫 만남에서 자기 이름을 누가 지어줬는지, 한자로는 어떤 의미인지 당당하게 말하는 아이는 인상 깊습니다.

작년에 2학년을 담임할 때였습니다. 이름이 무려 성 빼고도 '푸른그루' 4글자였습니다. 솔직히 너무 튀는 이름을 선호하지 않던 저는 이름만 보고 '부모님이 너무 개성 있는 이름을 지어주셨네'라고 생각하고 있었습니다. 그 아이 차례가 되어 자기 소개를 시작했습니다. 아버지가 지어주신 이름이며 독특하고 아름다운 뜻을 지닌 자신의 이름이 자랑스럽다고 당당하고 씩씩하게 말하는 아이의 눈빛과 태도를 보며 저는 첫날부터 아이에게 호감을 갖게 되었고, 진취적 기상에 반해버렸습니다.

아이가 '자신이 살고 싶은 인생', '되고 싶은 인물'을 향해 걸어가는 과정을 지원하고 응원해주는 것이 부모의 임무입니다. 사실 남자아이의 커뮤니케이션 능력을 길러주는 데 중요한 것은 부모가 '무슨 말을 하는가'가 아니라 '어떻게 듣는가'입니다. 아이가 말을 걸어오면 즉시 들어주어야 합니다. 부모가 "지금 바쁘니까 이따 들을게"라는 자세를 보이면 아이는 이야기를 하고 싶었던 마음이 서서히 사라지게 됩니다. 또 듣기만 하고 흘려버리면 "어차피 중요한 이야기를 해도 엄마는 잘 듣지 않아"라는 생각을 하게 되어 더 이상 부모에게 말을 하지 않게 됩니다.

엄마의 아무렇지 않은 말버릇이 자녀를 '대화 공포증'으로 만드는 경우도 있습니다.

"그래서? 이러이러하다는 말이지?" 하고 앞서서 결론을 말해버리거나 "도대체 하고 싶은 말이 뭐니? 요점만 말해! 엄마 바빠." 핵심만 말하라고 닦달합니다. "그리고? 그래서?"라는 기죽이는 질문 공세를 펼치거나. "또박또박 말해!" 하며 분명하지 못한 설명을 참지 못합니다. 심지어는 이런 말을 하기도 합니다.

"무슨 쓸데없는 질문이 그렇게 많아?"

"너 낳아준 게 누군데 감히 엄마한테 계속 지적질이야?"

"이게 다 너 잘되라고 하는 말이지, 누구는 잔소리하고 싶어서 하는 줄 알아?"

"어디 엄마 말이 틀린 게 하나라도 있니? 너는 엄마가 맞는 말만 하는데 왜 꼬박꼬박 말대꾸야?"

"이놈 말하는 것 좀 봐라!"

"이 자식이 어디서 아빠한테 대들어! 너 오늘 한번 맞아볼래?"

"꾸물대지 말고 빨리 말해. 엄마 바빠!"

"넌 가만히 있는 게 엄마 도와주는 거야!"

"너 그러다 뭐 될래?"

"우리 애는 어찌나 꾸물거리는지."

"넌 무슨 서론이 그렇게 기니? 요점만 말해!"

"공부도 못하는 주제에 만날 컴퓨터게임이나 하고 한심하다, 한심해!"

"공부도 못하는 주제에 동생까지 울리니?"

상상만 해도 정말 최악의 엄마입니다. 원래 문제 아이는 없습니다. 문제 부모가 있을 뿐입니다. 그리고 문제 선생님이 있을 뿐입니다. 오늘도 일과 중에 한 아이에게 "그래서? 하고 싶은 말이 뭐니?"라는 말을 사용하고야 말았습니다. 매번 쓰고 반성하고, 쓰고 반성하지만 저 또한 쉽게 고쳐지지 않는 것 같습니다. 그나마 다행인 것은 제 자신이 바람직하지 못한 말을 썼다는 사실은 인지하고 있다는 것입니다.

올해 제가 담임을 맡은 반은 2학년 5반입니다. 우리 반에도 또

래보다 생각이 깊고 똘똘한 학생이 한 명 있습니다. 보통 선생님이나 어른이 "이건 하면 안 돼!"라고 말하면 그냥 수긍하는 아이들이 많지만 이 아이는 타당한 이유를 설명해주지 않으면 끝까지 수긍하지 못하고 매사 궁금한 것이 많습니다. 평균보다 똑똑한 아이들의 특징이 아닌가 싶습니다.

제가 만난 학부모님 중에 가장 기억에 남는 분이 있습니다. 정말 아이를 이상적으로 키우고 계신다는 느낌을 많이 받았습니다. 어머니가 훌륭하다 보니 아이는 요즘 보기 드문 나무랄 곳 없는 학생이었습니다. 이 어머니와 상담 중에 이런 말씀을 하셨습니다.

"저는 혼자 하면 후딱 해결할 것도 뭐든 아이와 함께하려고 합니다. 보통 시간이 두세 배 걸리지만 우리 딸과 함께 하는 것이 느리지만 의미 있다고 생각합니다."

아이들과 함께 집안일을 하면 스스로 성취감을 느끼기도 하고 일머리를 배우기도 합니다. 또한 책임감과 자신감도 기를 수 있습니다. 그리고 부모님이 어디서든 당당하고 진취적인 태도를 가지고 있는 집은 아이들도 당당하고 적극적이었습니다.

또한 초등학교에 입학하는 아이에게 '선생님 말씀은 무조건 잘 들어야 한다'고 말하기보다는 '선생님 말씀 잘 듣고 혹시 궁금한 게 있으면 당당하게 손을 들고 물어보라'고 말해주는 것이 현명한 방법입니다.

만약 1학년 입학을 앞둔 예비 학부모님들께서 학교에 가기 전에 무엇을 제일 먼저 준비해야 되냐고 물으신다면 저는 단연코 1위가 자신감, 2위가 인사성입니다. 학습은 이 두 가지가 바탕이 된 성실하고, 착실하고, 진실된 아이라면 언제든지 따라올 수 있습니다. 그리고 설령 학습 능력이 뛰어나지 못하더라도 자신감 있고, 인사성이 바른 학생은 어떤 분야에서 일하게 되든 잘 해내리라는 믿음이 있습니다.

Mother's words

★ "사람은 자기 일에 최선을 다할 때와 당당하고 자신감 있을 때가 가장 멋진 것 같아."
★ "우리 딸 다 컸네. 자기의 생각을 조리 있게 말할 줄도 알고."
★ "왜 우리 아이는 아직 못할까? 한번 원인을 분석해봐야겠다."
★ "천천히 말해봐. 엄마가 끝까지 들어줄 테니까."
★ "우리 ○○이가 열심히 하고 있다는 사실을 엄마는 잘 알고 있단다."
★ "넌 참 특별한 아이야."

Chapter 5.

도전에 용기를 주는
엄마의 한마디

여러 가지 환경에 노출되는 기회는 불편함이 아니라
미래를 위해 내공을 쌓을 수 있는 적기입니다.
이렇게 보면 전학은 적응력과 친화력을 키우고
문제 해결 능력을 키울 수 있는 학창 시절 최고의 기회입니다.
자녀들이 생활의 변화를 부정적으로 받아들이는 것이 아니라
인생의 좋은 전환점으로 삼을 수 있도록 해주시기 바랍니다.

새 친구 사귀기를 어려워하는 아이에게

아이의 가능성을 제한하는 말이 뒤에서 하는 험담보다 더 나쁩니다.

저와 같은 공립 초등학교 교사는 한 학교에서 최대 5년 적게는 1~2년 정도 근무하고 다른 학교로 전근을 가게 됩니다. 그렇다 보니 학교가 바뀌면 직장 상사도 바뀌고, 환경도 바뀌어 적지 않은 스트레스를 받습니다. 물론 더 좋은 환경의 원하던 학교로 옮겨갈 때는 기쁘기도 하지만 기본적으로 적응에 대한 두려움은 늘 있습니다. 이는 저뿐만 아니라 주변의 모든 선생님들이 하는 말입니다. 성인인 교사들도 근무 환경이 바뀌고 주변 사람이 바뀌면 적응할 시간이 필요한데 아이들은 오죽할까요. 저 또한 20대까지는 낯을 너무 많이 가려서 처음 보는 사람과는 어색해서 눈도 못 맞출 정도였습니다.

낯선 사람, 낯선 장소, 낯선 교육 환경 등 새로운 것이라면 모두 긴장하고 두려워하고 거부하는 아이는 부모도 힘들지만 본인 스스로가 가장 힘이 듭니다. 유독 이런 증상이 심한 아이들이 있는 집을 관찰해 보니 타고난 기질 자체가 예민하고 섬세하고 내향적이거나 후천적인 환경 자체가 너무 단조로운 것이 문제였습니다. 외동아이로 자라서 함께 어울릴 동생이나 사촌도 없이 집 안에서 지내는 시간이 많았다거나 만나는 친척도 다양하지 않은 경우가 많았습니다. 혹은 어릴 때 시어머니, 친정어머니, 아이 돌봐주시는 아주머니 손을 전전하며 너무 다양한 양육자를 만나 마음의 상처나 트라우마가 있는 경우도 있었습니다.

지인의 아들은 세 가지 경우가 조금씩 해당되는 경우인데 가장 큰 영향을 받는 것은 타고난 기질이 부끄러움이 많고, 낯가림이 심하고 내성적이라는 점이었습니다. 올해 9세인데 이사를 총 6번을 했습니다. 어린이집, 유치원, 초등학교를 자주 옮길 수밖에 없었습니다. 그러다 보니 아이가 안 듣는다고 생각하고 "누굴 닮아서인지 붙임성이 별로 없네"라는 말을 부모가 하는 것을 저 또한 여러 번 들었습니다. 아이는 사교적이고 붙임성이 좋을 수 있는데 엄마에게 여러 번 그런 말을 듣게 되면 '아, 나는 원래 그런 사람이구나'라고 생각하고 자신을 그 틀에 가두게 됩니다.

엄마의 말로 아이를 단정 짓는 것은 아이의 한계를 정해 낙인을 찍는 것과 같습니다. 다른 사람을 뒤에서 헐뜯고 험담하는 것은 참으로 좋지 않은 습관입니다. 그렇지만 아이의 가능성을 제한하는 말이 뒤에서 하는 험담보다 더 나쁘다고 생각합니다. 험담은 상대방이 알게 되면 기분이 나쁘고 말한 당사자의 인격에도 금이 가는 정도지만 자녀를 한정 짓는 말은 한 아이의 인생을 바꿀 수도 있기 때문입니다. 그래서 응원과 격려의 목소리를 들려줄 수 없다면 차라리 함묵하셨으면 합니다. 친구를 잘 못 사귀고 사교성이 좋지 못하더라도 아이의 성격을 규정 짓는 말은 지양해주셨으면 합니다. 언제나 아이가 변화했으면 좋겠다는 방향의 축언을 많이 들려주셨으면 합니다.

"너 3학년인데 친구 한 명밖에 없잖아."

"누굴 닮아 저리 소심하고 사교성이 없는지."

"저래서 학교 가면 왕따 당할까 걱정된다. 진짜."

"외국에 유학 가고 이민 가는 사람들도 많은데, 전학하는 것도 적응 못해서 이 험한 세상 어떻게 살아갈래?"

"친구 없어도 공부만 잘 하면 돼. 전교 1등 해봐. 그럼 서로 친구하자고 다가올걸?"

"신경 쓰지 말고 무시해."

"그 정도도 못 이겨내서 이 험한 세상을 어떻게 살래?"

"사내자식이 왜 그래? 한심하게. 너도 받은 대로 갚아주면 되잖아."

"친구 사귀는 게 뭐가 그렇게 어렵다고 친구와 잘 지내지를 못하니?"

"친구들이 괴롭히는 것은 네가 만만하게 굴어서 그래. 친구들이 괴롭히면 차라리 너도 소리 지르면서 때려!"

"바보같이 맞고만 있었니? 너도 한 대 쳐야지!"

"돈을 가져가지 않으면 널 괴롭힌다고? 큰일 났다. 어쩌면 좋으니? 엄마가 걱정돼 죽겠다."

저학년 학생들 중 상당수가 아직 친구에게 어떻게 다가가서 친해져야 할지 친교 표현의 방법을 모릅니다. 이럴 때 단순히 "친구 많이 사귀고 다 같이 사이좋게 지내"라고 조언하는 것보다 "친구가 준비물을 안 가지고 오면 네가 먼저 다가가서 빌려주렴. 아플 땐 엄마가 챙겨주는 것처럼 잘 챙겨주고. 힘들 때 도와주는 친구가 진정한 친구거든. 친구가 상을 받게 되면 설령 부럽더라도 네가 받은 것처럼 축하해주렴. 좋은 일이 생겼을 때 같이 기뻐하는 친구가 좋은 친구거든. 너를 좋은 친구, 고마운 친구로 기억해줄 거야. 쉬는 시간에는 친구들에게 먼저 보드게임을 같이 하자고 먼저 제안해봐. 누가 먼저 말 걸어주기를 기다리는 사람은 게으른 사람이야. 먼저 다가갈 줄 아는 사람이 멋진 거야. 그 정도의 부지런함과 용기는 있어야 좋은 친구를 많이 사귈 수 있어"라고 세세히 조언해주는 것이 더 좋습니다.

5, 6학년의 경우에도 키만 컸지 아직 아이들입니다. 얼핏 보면 어른 같지만 오랜 시간 두고 보면 저학년 아이들과 크게 다르지

않습니다. 자신의 행동에 책임질 수 있는 어른이 된 것도 아닌데 마치 어른이 다 된 것처럼 행동하는 모습이 귀여울 때도 있고 어이없을 때도 있습니다. 이럴 때는 한 인격체로 존중해주고 어른 대접을 해주어야 합니다. 어른스러워서 어른 대접을 하는 것이 아니라 어른처럼 되어 가기를 바라는 마음에 대접해주는 시기가 사춘기입니다.

고학년이 되면 순수하게 같은 반 친구라는 이유만으로 잘 지내는 나이가 아닙니다. 아이들도 자신을 잘 챙겨주고 마음 깊고 배려하는 사람을 좋아합니다. 이런 것에 대해서 자세하게 말해주는 것이 좋습니다. 형제가 두 명 이상인 집은 어릴 때부터 형제 사이에서 사회화 과정이 자연스럽게 이루어져서 타협하는 법, 양보하는 법, 져주는 법을 스스로 터득하지만 외동은 상대적으로 저절로 터득할 기회가 없습니다. 외동인 아이들은 친구들이나 사촌들과 여러 활동들을 하면서 사람들과 의견을 조율하는 법을 배울 기회를 가질 수 있도록 해주는 것이 아이를 위해 좋습니다.

책을 좋아하는 아이라면 책 속의 캐릭터에 대해 서로의 생각을 나눠 보는 것도 매우 좋은 방법입니다. 영화나 드라마를 즐겨 보는 아이라면 영화 속 주인공 중에 친구가 많은 성격과 친구가 없을 수밖에 없는 이기적인 캐릭터에 대해 자연스럽게 이야기를 나누는 것도 좋습니다. 때로는 "친구를 잘 사귀려면 ~해야 해"

라는 강요하는 표현보다는 "영화 속 그 캐릭터는 정말 친구가 많을 수밖에 없는 멋진 인물이구나!"라고 말해 스스로 깨닫게 해주는 것이 더 효과적입니다.

지금은 세계적인 부자에서 세계 최고의 자선 사업가로 변신한 빌 게이츠도 어릴 때 친구들과 잘 어울리지 못했다고 합니다. 암기력과 사고력은 뛰어났지만 사회성이 부족하고 가끔 다른 친구들을 무시하고 잘난 척하는 면이 있었다고 합니다. 빌 게이츠의 아버지는 사교성과 사회성을 길러주기 위해 빌 게이츠를 보이스카우트 활동을 시켰다고 합니다. 미국 대통령보다 유명한 빌 게이츠도 어린 시절 친구를 잘 못 사귀었다고 하니 이런 이야기도 들려주며 다른 가족들과 함께 캠핑도 가고 보이스카우트나 아람단 활동도 적극적으로 할 수 있는 기회를 제공해주는 것이 좋겠습니다.

Mother's words

★ "엄마는 친구가 너무 많은 것보다 진정한 친구가 한두 명 있는 게 더 좋다고 생각해. 그런데 다양한 친구를 사귀어 봐야 자신의 진정한 친구도 만날 수 있지 않을까?"

★ "전학을 자주 해서 적응하느라 힘들지? 엄마도 이사하고 환경이 바뀌면 처음에는 적응하느라 스트레스를 받기도 해. 그렇지만 새로운 환

경에 적응하는 것도 인생 공부란다. 우리 ○○이는 잘 적응하리라 믿어."

★ "누가 먼저 다가오길 기대하지 말고 네가 먼저 손을 내밀어. 그럼 분명 그 친구도 반가워할 거야."

★ "네가 먼저 다가가서 좋은 친구가 되어준다면 멋진 친구들이 더 많아질 거야."

★ "친구가 준비물을 안 가지고 오면 네가 먼저 다가가서 빌려주렴. 너를 좋은 친구, 고마운 친구로 기억할 거야."

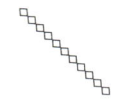

새로운 배움을 두려워하는 아이에게

여행은 서서 하는 독서이고, 독서는 앉아서 하는 여행이며,
운동은 몸으로 하는 공부입니다.

　교실에서 만나는 학생들 중에서 학습 내용에 대해서만이 아니라 피구, 줄넘기, 비사치기, 보드게임 등 친구들과 함께하는 놀이에 대해서도 새로운 것을 만날 때마다 부담스러워하고 익히는 것을 주저하는 유형이 있습니다. 어려운 수학 같은 싫어하는 과목만 기피하는 것이 아니라 익숙한 것만 하려는 현실 안주형 학생은 그만큼 발전이 더디고 소극적인 태도로 친구들과 어울리기도 힘들기 때문에 담임교사로서 걱정을 많이 하게 됩니다.

　자세히 관찰해 보면 이런 학생들 중에서는 의외로 완벽주의 기질을 가지고 있는 경우가 있습니다. 무언가를 새로운 것에 도전했을 때 옆 친구보다 잘하지 못하는 모습을 남들에게 보여주기 싫어 아예 시작조차 하지 않는 것입니다. 또 다른 경우는 매사 자신을 믿는 힘, 자신감이 없기에 새로운 것은 더 주저하게 되는 경우도 있습니다.

자신감도 전염성이 강합니다. 한 가지 일을 잘해서 얻은 자신 감을 바탕으로 아이는 다른 분야에서도 실력을 발휘하기도 합니 다. 악기를 연주한다거나 운동을 잘해서 칭찬받고 인정받은 아 이가 전교 어린이 회장 선거에 나간다거나 학업에 자신감을 갖 는 경우입니다. 또래 친구들보다 한자 급수가 높아 자신감을 얻 은 아이는 영어에서도 잘하고 싶어 하는 마음을 갖기도 했습니 다. 자신감 또한 동반 상승하는 효과가 있는데, 한 영역에서 자신 감이 생기면 다른 영역도 물드는 번짐 효과가 있습니다.

우리 반 학생들에게 운동을 강조한 것은 뇌 과학을 정확하게 알기 전부터입니다. 그러다가 뇌 과학이나 공부법에 관련된 책 을 읽고 운동이 단순한 몸의 움직임이 아님을 알게 되었습니다. 그 후 언니와 통화할 때에도 조카가 수학, 영어 학원은 끊더라도 운동은 꾸준히 해야 한다고 강조했습니다. 저는 전형적으로 운 동을 좋아하지 않고 엉덩이가 무거운 사람입니다. 고등학교 때 는 오전 7시에 자리에 앉아 점심시간까지 한 번도 일어나지 않음 을 스스로 자랑스러워한 적도 있습니다. 지금 생각해보면 육체 뿐 아니라 뇌 건강을 위해서도 최악의 습관이었습니다. 항상 노 력에 비해 학업 결과가 우수하지 않았던 것이 IQ 문제인 줄 알았는데 운동 부족을 비롯한 생활 습관과 연관이 있겠다는 생각도 듭니다.

뇌 연구의 권위자인 존 레이티(John J. Ratey) 박사는 가볍게 걷기만 해도 새로운 뇌세포가 자란다고 할 정도로 운동은 뇌 건강과 발달에 지대한 영향을 미친다고 말합니다. 미국의 한 고등학교에서는 한 학기 동안 0교시에 체육 수업을 진행한 결과 학기 초에 비해 이들의 읽기 능력과 문장 이해 능력이 17퍼센트나 증가했다고 합니다. 따라서 "운동선수 할 것도 아니면서 뭘 그렇게 운동을 매일 하려고 하니?"라는 말이나 "너는 별로 잘하지도 못하면서 뭐 그렇게 운동을 열심히 하니?"라는 말은 학습 능력 향상을 위해서도 바람직하지 못합니다.

"그런 건 해봤자 네 장래에 전혀 도움이 안 돼."
"체육 때문에 전체 평균이 팍팍 내려간다."
"내가 너 학원비랑 악기 산다고 들어간 돈이 얼만데!"
"엄마가 그동안 쏟아부은 돈이 얼만데! 넌 반드시(기필코) 판사(의사)가 되어야 해."

운동신경이 좋지 않은 남자아이에게는 자신의 실수 때문에 팀 전체에 피해를 끼칠 수도 있는 축구, 야구, 농구 등의 단체 경기보다는 수영, 육상, 검도, 태권도, 테니스 등이 더 좋습니다. 실수

해도 주위 사람들에게 영향을 미치지 않아 부담감을 크게 느끼지 않고 운동 자체를 즐길 수 있기 때문입니다. 새로운 기술을 하나 익히거나 시간이 빨라지는 등 나름대로의 성장을 조금씩이라도 하게 되면 그것이 자신감과 연결됩니다.

또한 선의의 경쟁심을 키워주는 방법으로도 운동이 효과적입니다. 긍정적인 경쟁심을 갖기 위해서는 언제나 이기는 것도, 항상 지는 것도 좋지 않습니다. 양쪽을 골고루 경험해 보았을 때 자신의 감정을 조절하며 자만심이 아닌 자신감을 가지게 됩니다.

운동을 하다 보면 뇌 회로가 만들어지는데 이때 만들어진 회로는 다른 학습을 하는 데도 이용이 된다고 합니다. 손가락을 많이 사용하는 바이올린이나 기타를 배우면 연산 실력도 함께 향상되는 것이 바로 이것 때문입니다. 젓가락을 사용하는 한국과 일본의 평균 지능이 높은 이유도 손과 연관이 있습니다.

운동은 유아부터 노년까지 인간이 살아가는 데 뇌 건강을 위해 꼭 필요합니다. 그럼에도 불구하고 대한민국의 좌뇌 편향적인 교육 때문에 운동은 물론 산책, 등산 등도 무시되고 있습니다.

교실에서 만나는 학생들을 봐도 공부를 잘하는 학생들이 운동도 잘하고, 운동을 잘하는 아이들이 집중력도 높습니다. 의식이 깨어 있고 앞서 나가는 학부모님일수록 자녀가 하루에 최소 한 시간 정도는 운동을 즐길 수 있도록 해줍니다. 주말에는 등산, 배드민턴, 인라인, 자전거 타기 등 가족이 함께할 수 있는 운동을 즐기는 모습을 일기장 속에서 자주 만날 수 있었습니다.

경북대 의대 재학 시절 미스코리아에 당선되고, 그 이후 하버드대학에 진학한 것으로 유명한 금나나 씨가 있습니다. 금나나 씨를 키워낸 엄마이자 교직에 30년 이상 몸담고 있는 이원홍 선생님은《도시 엄마를 위한 시골 교육법》에서 자녀들에게 운동을 무엇보다 강조했다고 밝힌 바 있습니다.

"공부를 하는 것도 좋지만 뛰어놀아라. 체력이 좋아야 공부도 할 수 있는 거야" 나나 아빠는 나나와 종학이를 키울 때 공부보다 체력, 건강에 관심을 쏟았다. 아이들이 움직이지 않고 가만히 앉아 있는 것을 싫어했고, 끊임없이 아이들에게 운동을 권했다. 나나 아빠는 나나가 운동하고 있다고 할 때 가장 기뻐했다. 그 덕분에 어렸을 때부터 아이들은 탁구, 배드민턴, 테니스를 쳤다.

이런 환경에서 자란 금나나 씨는 머리도 안 좋고 영어 실력도 부족한 자신이 하버드대학에서 버틸 수 있던 것은 아빠가 운동으로 다져준 체력 덕분이었다고 밝힌 바 있습니다. 금나나 씨는 하버드대학에 있을 때도 매일 적어도 한 번, 최대 두세 번씩 한두 시간 정도 운동했다고 합니다. 엄청난 공부 양으로 잠잘 시간마저 부족한 탓에 하버드대학 학생들의 피의 절반은 커피일 거라는 농담마저 있는 상황에서 어떻게 운동할 수 있었는지 의아해하는 사람들도 많습니다. 하지만 금나나 씨는 오히려 운동을 한 덕분에 그토록 지독했던 공부 스트레스도 이겨낼 수 있었으며 장학금을 받을 정도로 우수한 성적을 받을 수 있었다고 말합니다.

여행은 서서하는 독서이고, 독서는 앉아서 하는 여행이며, 운동은 몸으로 하는 공부입니다. 아이가 운동을 즐겁게 열심히 할 때도 공부할 때처럼 칭찬해주고 격려해주어 자신감을 갖게 해주시기 바랍니다. 한 분야에서 자신감을 얻은 아이는 그 자신감을 가지고 학습과 발표에서도 이전보다 자신감을 갖게 됩니다.

Mother's words

★ "아빠가 너만 했을 때보다 네가 훨씬 더 야구를 잘하는구나."
★ "네가 운동선수가 될 것도 아닌데 뭐 어때? 체육 점수는 못 받아도 돼. 그냥 즐겁게 하는 거야."
★ "어릴 때 마음껏 뛰어놀아야 꾸준히 배우고 공부하는 힘을 기를 수 있단다."
★ "어제 시합에서 실수해서 풀이 죽었구나. 하지만 연습할 때 번트 처리하는 걸 봤더니 완벽하던데! 우리 아들 정말 멋졌어!"

바뀐 환경에 적응하지 못하는 아이에게

자녀가 있을 때나 없을 때나 부모가 긍정적으로 생각하고
진취적으로 행동해야 자녀도 따라 배웁니다.

배울 점이 많은 후배 교사가 있습니다. 저보다 나이와 경력은 적지만 학급 경영 능력이나 학생들을 아끼는 마음 하나는 존경할 정도입니다. 그런 후배의 반에 전학생이 왔는데 잘 적응하지 못해 교실에서 말을 전혀 하지 않는다고 했습니다. 부모님께 전화로 상담하자 집에서는 활발하고 말도 잘한다고 했습니다. 결국 학교에서만 도통 입을 열지 않는 것으로, 전형적인 '선택적 함묵'이었습니다. 같은 반 친구들이 함께 놀고 싶어 해도 말을 안 하다 보니 점차 혼자 있는 시간이 늘어갔습니다.

하지만 이 학생에게 후배 교사는 말을 하라고 강요하거나 친구를 사귀라고 권하지 않았다고 합니다. 다만 쉬는 시간에 혼자 있는 아이와 젠가 같은 보드게임도 하고 공기놀이도 하며 시간을 보냈다고 합니다.

그러자 다른 아이들도 이 게임에 동참하게 되었고, 말도 안 하던 전학생은 친한 친구를 만들어 새로운 환경에 잘 적응해 갔다는 것입니다. 이처럼 친구가 없거나 새로운 친구를 잘 사귀지 못하는 자녀에게 사교성이 없다고 책망하거나 잔소리하기보다 후배 교사처럼 먼저 친구가 되어주는 것도 좋은 방법이라는 생각이 듭니다.

아무래도 중·고등학생 때보다는 초등학교 때 전학생이 많은 편입니다. 한 해에 평균 두세 명은 있는 편입니다. 전학 온 아이 중에는 첫날부터 너무나 적응을 잘해서 담임을 놀라게 하는 아이도 있고, 어머니, 아버지, 아이까지 전 가족이 총 출동했음에도 잘 적응하지 못하는 경우도 있습니다. 기본 준비물과 제 연락처를 알려드리고 신경 써서 잘 지도하겠다고 해도 아이가 낯을 가리고 적응을 잘 못한다며 부모님이 자리를 뜨지 못하는 경우도 있었습니다. 이제 가셔도 된다고 해도 아버님과 유치원생인 동생까지 전 가족이 복도에 서서 서성거릴 때 굳득 엄마가 생각났습니다. '우리 엄마도 나를 전학시킬 때 저런 마음이었겠지?' 자식을 낯선 환경에 덩그러니 내놓고 발길이 떨어지지 않는 것은 이 세상 모든 부모들의 마음이 아닐까 싶습니다.

"한 달만 꾹 참아봐. 시간이 지나면 새 친구도 생기겠지."

"엄마가 미안. 최대한 이사도 안 가고 전학도 안 할 수 있게 하려고 했는데, 어쩔 수 없구나."

"어딜 가나 텃새가 있는 법인데. 학기 중에 전학해서 어쩐다니."

    제가 상담을 하다 보면 부모의 표정과 아이의 표정은 매우 닮아 있습니다. 여유로운 전학생의 부모님은 여유롭습니다. 그리고 아이가 잘 적응할 거라고 믿는 표정입니다. 전학을 오기 전부터 자녀가 스스로를 믿게 하는 훈련을 하고 있었던 것입니다. 반면 적응력이 떨어지는 아이는 부모부터 아이의 자생력을 불신하고 미래의 변화를 부정적으로 예측하며 불안해하는 경우가 많습니다. 이런 분들의 특징은 '생각'보다 '고민'을 많이 하는 분들입니다. 저 또한 예전에는 생각의 80퍼센트 이상이 고민이었기 때문에 그 마음도 잘 압니다.

    제 주변 친구들을 보면 초등학교 때 전학을 많이 다닌 아이가 사교성이 좋고 처음 만난 사람과도 빨리 친해지는 친화력을 가지고 있습니다. 그리고 부잣집 딸이었는데도 대학교 시절 다양한 알바를 많이 해본 친구가 같은 상황이라도 문제 상황에 대처하는 능력이 확실히 뛰어났습니다. 대학 동기 중 부모님이 부동산 부자인 사람이 있었는데, 그 부모님은 소유하고 있는 원룸의 세입자가 바뀌면 꼭 자녀들을 데리고 청소하러 갔습니다. 청소하는 사람을 구할 돈은 충분하지만 직접 해 보면서 배우고 느낄 것이 많다고 생각했기 때문입니다. 그렇게 자란 대학 동기는 돈이 많다고 해서 허투루 쓰지도 않았고, 경제적 여유가 없는 사람의 마음을 잘 공감하고 도울 줄 아는 멋진 청년이었습니다.

아르바이트와 인턴 등 사회 경험이 부족한 친구는 접촉 사고가 나면 무서워서 차에서 내리지도 못하고 아빠를 불렀다고 합니다. 그러나 여러 가지 사회 경험이 많은 친구는 차분하게 보험회사에 알리고 사고 현장을 사진으로 찍고, 앞차 운전자에게도 자신이 불리해지지 않는 범위 내에서 겸손하게 인사를 건네며 무난하게 사고를 처리했다고 합니다. 이처럼 인생에서는 스스로 대처해야 하는 일이 참 많습니다. 그러므로 여러 가지 환경에 노출되는 기회는 불편함이 아니라 미래를 위해 내공을 쌓을 수 있는 기회입니다. 이렇게 보면 전학은 적응력과 친화력은 키우고 문제 해결 능력을 키울 수 있는 학창 시절 최고의 기회입니다. 자녀들이 생활의 변화를 부정적으로 받아들이지 않고 인생의 좋은 전환점으로 삼을 수 있도록 인식을 심어주시기 바랍니다.

이 인식 또한 부모님이 평소 사용하는 말로 이루어집니다. 요즘 많은 사람들이 아파트에 거주하고 있습니다. 아파트가 생각보다 방음이 잘 되지 않습니다. 아이가 듣지 않을 것이라 생각하고 부부가 푸념을 하거나 부정적 발언을 하게 되면 고스란히 자녀의 귀에 들어갑니다. 자녀가 있을 때나 없을 때나 부모가 긍정적으로 생각하고 진취적으로 행동해야 자녀도 따라 배웁니다. 부모와 자녀는 한 공간에 있든 그렇지 않든 와이파이로 연결되어 있다는 사실을 기억하시기 바랍니다.

Mother's words

★ "너는 붙임성 있는 성격이라 금방 적응할 거야."

★ "어릴 때 여러 가지 경험을 많이 해야 더 멋진 성인이 될 수 있어. 전학도 유익한 경험이니까 즐겁게 받아들이자."

★ "우리 딸은 외국에 가도 잘 적응할 스타일인데, 같은 한국이면 말 다 했지. 어디를 가든 씩씩하게 잘 적응하리라 믿어."

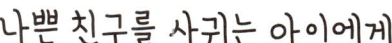

나쁜 친구를 사귀는 아이에게

좋은 친구만 '골라서' 사귀라고 가르치기 전에
'너부터 좋은 친구가 되어줘야 해'라고 가르쳐야 합니다.

제가 만난 학생 중에서 부모님이 굉장히 바쁜 전문직이라 할머니가 아기 때부터 양육과 교육을 전적으로 맡아 돌본 가정이 있었습니다. 학부모 상담 때도 할머니가 오셔서 "우리 ○○이가 부모들 직업이나 경제력이 비슷한 집 애들이랑 친하게 지냈으면 좋겠는데 수준 안 맞는 아이들과 어울려 다녀서 속상하네요. 생일파티 때도 레벨 맞는 아이들만 초대했는데도 말이에요"라고 말씀하셨습니다.

엄마보다 할머니의 치맛바람이 더 강할 수 있다는 사실을 그때 처음 알았습니다. 그 할머니의 손자가 친하게 지내는 친구들은 결코 문제아이거나 말썽쟁이들이 아니었습니다. 성적이 우수하지 않아도 마음에 온기를 지닌 인성 좋은 아이들이었습니다. 그 할머니처럼 집안 경제력도 좋고 성적도 뛰어난 친구들만 사귀기를 바라는 마음에 간식을 사주고 생일파티에 초대한다 해도 일시적인 경우가 많습니다. 이렇게 유지된 교우관계는 오래 가지 않습니다. 결국 자신과 성향이 비슷하고 코드가 맞는 친구들과 어울리게 되어 있습니다.

저 또한 가끔 친한 친구들을 보면 저와 성향, 성격, 취향이 비슷해 깜짝 놀라기도 합니다. 그렇기 때문에 자녀의 친구들이 마음에 안 들 때는 친구를 욕할 것이 아니라 자녀를 객관적인 눈으로 바라볼 수 있어야 합니다. 무언가가 통하는 것이 있거나 어느 부분이 코드가 잘 맞아 친해지는 경우가 대부분이기 때문입니다.

보통 아이를 키울 때 누구나 경험하는 일이 있습니다. 아이가 걸음마를 떼다가 가구에 걸려 넘어지면 한국의 부모님들은 가구의 모서리를 때려주면서 "때찌!" 해줍니다. 아이가 넘어진 것을 가구나 물체의 잘못으로 돌리는 것입니다. 저도 이런 위로를 받으며 자랐고, 조카를 키울 때도 이런 말을 스스럼없이 썼습니다.

하지만 조카들이 사물을 의인화하는 유아기가 거의 끝나고 무심코 하는 이런 말들이 옳지 못함을 알게 되었습니다. 어릴 때 누구나 해줄 수 있는 위안이지만 이럴 때 아이의 무릎에도, 가구의 모서리에도 함께 "호~ 둘 다 많이 아팠겠구나!"라고 말해주어야 합니다. 이런 분위기에서 교육받은 아이의 인성은 어디 가서나

'좋은 친구'를 사귀게 되어 있고, 먼저 '좋은 친구'가 되는 사람으로 성장할 것입니다. 좋은 사람을 찾지 말고 자신부터 좋은 사람이 되어야 한다는 동서고금의 진리는 우리 아이들이 한 살이라도 어릴 때 터득하는 것이 좋습니다.

> "너는 왜 우리 집보다 형편도 안 좋고 너보다 공부도 못하는 영양가 없는 애들이랑 친하게 지내니?"
>
> "너는 같이 놀자고 찾아오는 친구들이 하나같이 저 모양이니?"
>
> "○○은 좋은 친구가 아니니까 놀지 마."
>
> "저 아이는 폭력적이니까, 절대 같이 놀면 안 된다. 가까이 가지도, 말을 섞지도 마."
>
> "우리 ○○이가 심성이 착한데, 친구를 잘못 사귀어서 그래요."

구급차가 사이렌을 울리며 지나갈 때도 마찬가지입니다. 유대인 가정에서는 구급차가 지나가는 소리를 들으면 그 누군가의 안전과 건강을 위해 자녀와 함께 기도한다고 합니다. 저도 이 이야기를 듣기 전에는 새벽에 사이렌 소리가 들리면 시끄럽다고 생각했지만 마음속으로 누군가의 안전과 건강을 기원하게 되었습니다. 또한 주변 지인 중에는 아이들이 커서 더 이상 입을 수 없게 된 옷을 헌옷 수거함에 내놓을 때도 바로 입을 수 있도록 꼭 깨끗하게 빨아서 보자기로 싸서 내놓는 분이 계셨습니다. '이런 엄마의 모습을 보고 자란 아이는 사람에 대한 배려심이 안 생길 수가 없겠구나' 하고 생각했습니다.

이렇게 상대방을 먼저 배려하고 누군가를 위해 함께 기도해주는 마음으로 자란 아이가 배려심은 물론 사회성이 좋은 것은 당연합니다. 모르는 그 누군가를 위해 기도하며 자란 아이는 같은 반 친구에게 폭력을 행사하고 해코지를 할 확률이 매우 낮다고 봅니다. 분명 학교에 가서도 자연스럽게 본인처럼 마음이 따뜻하고 인성 좋은 친구를 사귀게 될 것입니다. 설령 주변 친구들이 배려심이 부족하더라도 이런 아이들은 주변에 선한 영향을 미치게 될 것이란 생각입니다.

학교에서 폭력 문제로 부모님과 상의하게 되면 가장 많이 듣게 되는 말이 "우리 아이는 그런 애가 아닌데 최근에 친구를 잘못 사귀어서 그렇습니다"입니다. 친구는 정말 중요합니다. 성인이 된 저나 어머니들도 최근에 어떤 친구와 많은 시간을 보내느냐에 따라 생활 리듬과 삶의 색채가 달라집니다. 환갑이 넘으신 저희 어머니도 마찬가지였습니다. 산을 좋아하는 친구를 만나면 매일 등산을 가시고, 쇼핑을 즐겨하는 친구를 사귀면 백화점에 자주 가셨습니다.

아직 가치관이 정립되지 않은 아이는 가장 자주 만나고 친하게 지내는 친구가 누구인지에 따라 굉장히 큰 영향을 받는 것이 사실입니다. 그렇지만 서로 코드가 안 맞고 생각의 주파수가 다르면 한두 번 만나다가 깊은 관계로 발전하기 힘든 것이 친구 관계입니다. 죄송한 말이지만 우리 아들, 딸이 날라리 친구들과 오랜 시간 어울려 다닌다면 우리 자녀들 속에도 '날라리' 요소가 내재되어 있는 것은 아닌지 의심해 봐야 합니다. 또 우리 아들, 딸이 '성실한 모범생' 스타일과 친하다면 우리 자녀들 속에 '우등생' DNA가 있기 때문입니다.

'맹모삼천지교'란 말이 있습니다. 맹자의 어머니가 맹자의 교육을 위해 세 번이나 이사를 한 것은 동네의 분위기 탓도 있었겠지만 더 좋은 친구를 만날 수 있는 환경을 만들어주기 위함이라는 의견도 있습니다. 우리 아이가 먼저 좋은 친구가 되어주는 것도 중요하지만 좋은 영향을 주고받을 수 있는 환경도 중요합니다. 그 환경을 조성하고 선택하는 것은 자녀브다 부모님들의 몫입니다.

또 좋은 친구만 '골라서' 사귀라고 가르치기 전에 너부터 좋은 친구가 되라고 가르쳐야 합니다. 어떤 문제가 생겼을 때도 아이 앞에서 "우리 ○○이가 심성이 착한데 친구를 잘못 사귀어서 그래요"라고 말씀하지 마시고 "엄마인 내가 모범을 못 보였구나. 엄마의 잘못인 것 같아"라고 말씀하셔야 아이가 제대로 클 수 있습니다.

부모님이 세심한 배려로 공감 능력이 뛰어난 아이로 키우셨다면 학교에서도 자신과 비슷한 성향의 친구를 만나게 됩니다. 물론 좋은 친구를 사귀어서 서로 발전해 나가는 것도 중요하지만 자기 자신이 먼저 좋은 친구로 커 가는 것이 우선입니다.

Mother's words

★ "친구에게 미안할 행동을 하지 않는 것이 좋겠지만 이미 했다면 빠른 시간 안에 미안함을 표현하는 것이 좋단다. 사과는 빠를수록 좋은 법 이거든."

★ "좋은 친구를 사귀고 싶다면 너부터 좋은 친구가 되어야 해."

★ "친구랑 싸웠을 때 네 잘못은 생각해 보지 않고 친구 탓만 하는 것 보 니 엄마가 너를 잘못 키웠나보다. 엄마가 모범을 못 보여서 그렇겠지."

★ "친구가 힘든 일이 있을 때는 도와줘야 한단다."

★ "친구가 잘됐을 때 함께 기뻐할 줄 알아야 진정한 친구란다."

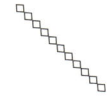

느리고 양보심이 많은 아이에게

부모는 성공하도록 도와주는 사람이지
실패한 후 야단치는 사람이 아닙니다.

교실에서 누구보다 느린 여학생이 있었습니다. 보통 필기하는
것도, 수학 문제 푸는 것도, 사물함 정리하는 것도 가장 느린 아
이는 대부분 남학생입니다. 그런데 그해는 유독 여학생 한 명이
무엇이든 느린 걸로 단연 1등이었습니다. 기다려주고 싶은 마음
이 가득하지만 현실적으로 나머지 27명을 기준으로 진행할 수
밖에 없을 때가 많습니다. 저도 미안하지만 그 학생 또한 마음이
힘들었을 것입니다. 학업 성적도 꽤 괜찮은 편이었고, 인사성도
밝아 느린 것 빼고는 흠잡을 것 없는 학생이었습니다.

어느 날 제가 출장을 가야 해서 4교시까지만 수업을 해야 했
습니다. 대부분의 학생들이 어디 가냐고, 내일은 출근하느냐고

물어보곤 했습니다. 그런데 이 느림보 여학생이 저한테 오더니 "그럼 선생님 점심식사는 어떻게 하세요?"하고 묻는 겁니다. 이 학생이 4~6학년이었다면 크게 놀라지는 않았겠지만 1~2학년 학생들은 아직 발달 단계상 이런 배려를 하기 어렵습니다. 2학년이던 그 아이는 그럼에도 불구하고 저를 걱정해준 것입니다.

한 조사에 따르면 성공한 사람들의 공통점은 누군가를 잘 감동시키는 것이라고 합니다. 그런 관점에서 봤을 때 이 아이는 성공할 수 있는 중요한 요소를 갖추고 있는 것입니다.

느린 아이에게는 느린 것을 단점으로 받아들이기보다는 그것을 장점으로 승화시킬 수 있도록 도와주고 나머지 장점에 집중해야 합니다. 잔머리 잘 굴리고 약삭빠른 사람의 경우 보통 자기중심적입니다. 대신 이타적인 사람은 융통성이 부족해 주변 사람들이 때로 답답하게 느끼기도 합니다. 어른이든 아이든 배려하고, 이타적이면서 융통성까지 가지고 있으면 참 좋을 텐데, 이렇게 완벽한 사람은 살아가면서 만나기 어렵습니다.

아이가 원리 원칙대로 해야 하고 사고의 유연성이 조금 부족하더라도 따뜻한 마음 그것 하나로도 충분히 칭찬받을 만합니다. 없는 약삭빠름을 찾지 마시고 이미 충분히 가지고 있는 매력을 칭찬해주시기 바랍니다. 그리고 아이들은 수십 번 변하는 존재들이라 1, 2학년 때 교실에서 낯가리고 발표도 잘 못하고 징징거리던 아이들이 6학년이 되면 전교 어린이 회장이 되기도 합니다. 아이들의 잠재력과 가능성을 '미리 보기' 해주셨으면 합니다. 아는 만큼 보이고, 보는 만큼 이룰 수 있습니다.

"요즘 세상에 그렇게 착해 빠져서 어떻게 살아갈래? 사람이 좀 약은 구석도 있어야 돼."

"넌 어떻게 된 애가 잔머리만 잘 돌아가니?"

"넌 아직 어려서 ○○할 수 없어."

2012년 2월 〈조선일보〉에서 본 내용입니다. 서울대가 개최한 간담회에 참석한 삼성전자, 현대자동차 등 국내 주요 기업의 임원들은 "서울대 졸업생들은 '조직 친화력'을 키워야 한다"고 지적했다고 합니다. 이들은 "서울대 출신들이 두각을 나타내는 경우도 있지만 일부는 조직에 적응하지 못하고 일찍 회사를 나간다. 능력은 있으나 인간관계가 원만하지 못하다. 팀워크가 중요하다는 것을 알았으면 좋겠다"라고 말했다고 합니다. 이렇듯 사회생활을 위해서는 높은 토익점수와 학벌만 중요한 게 아니라 사회성과 대인관계 지능이 높아야 합니다.

화제의 다큐멘터리를 잇달아 제작해 한국방송대상을 세 번이나 수상한 박정훈 피디는 《너의 꿈에는 한계가 없다》라는 책에서 자신의 경험담을 소개했습니다. 20년 전 그는 방송국 피디 공채 시험을 치르는 과정에서 토론식 면접을 토게 되었다고 합니다. 세 명의 지원자가 10분 동안 세 개의 주제 가운데 답변하고 싶은 한 개의 공통 주제를 선택한 뒤 면접관 앞에서 토론하는 방식이었습니다.

그가 속한 팀에 주어진 과제는 문학과 법률, 경제였는데 지원자들의 전공과 관련된 내용이었다고 합니다. 당연히 지원자들이 선호하는 주제가 달라 주제 결정부터 쉽지 않았고, 결국 영문과 출신인 박정훈 피디가 먼저 양보하고 마지막에 법대 출신 지원자가 양보해 최종 주제는 경제학과 출신에게 유리한 '종신고용제를 어떻게 볼 것인가'로 정해졌습니다. 역시 답변을 가장 잘한 사람은 경제학과 출신 지원자였습니다. 하지만 결과는 예상 외였습니다. 경제학과 출신만 탈락하고 나머지 두 명이 합격한 것입니다.

박정훈 피디는 "때로는 양보하는 것이 오히려 득이 될 때도 있다는 것을 그날 배웠어요"라고 말했습니다. 이렇듯 제아무리 똑똑하고 유능한 사람도 협동심, 배려, 양보 없이는 사회생활에서 자신이 가진 능력과 품은 뜻을 제대로 펼치기 어렵습니다. 그래서 특히 경험이 많은 선배 교사들일수록 '배려와 사회성'을 초등교육에서 특히 중요시 해야 할 덕목으로 꼽았습니다.

칭찬할 때 친구나 형제와 비교해 "○○보다 네가 훨씬 낫다"라고 칭찬하는 것은 아이의 기분이 순간적으로 좋아질 수도 있습니다. 하지만 이는 바람직한 칭찬이 아닙니다. 항상 상대보다 자신이 우월하고 잘났다는 인식을 심어줄 수 있기 때문입니다. 반대로 비교 당하는 형제는 칭찬 듣는 동생에게 적대감을 가질 수도 있습니다.

그리고 지금은 단점이지만 아이가 커서는 장점으로 변할 수 있습니다. 그렇기 때문에 장점만 칭찬하고 단점을 비난하기보다 는 잠재적으로 장점이 될 수 있는 지금의 단점도 잘 보듬어줄 수 있으면 좋습니다. "지금 이런 단점이 다 커서는 이렇게 장점으로 만들 수 있겠구나" 하고 말입니다.

어머니들도 미래에 칭찬받을 만한 것을 즐겁게 상상해 보고 미리 보기 해 보시는 것도 좋은 방법입니다. 부모는 단점을 비난 하는 사람이기보다는 장점을 칭찬해주는 존재가 되어야 합니다. 부모는 성공하도록 도와주는 사람이지 실패한 후 야단치는 사람 이 아닙니다.

Mother's words

★ "엄마가 낳았지만 어떻게 이렇게 마음씨 고운 공주님을 낳았을까? 너 는 엄마에게 있어 축복이자 선물이야. 시대가 변해도 우리 딸처럼 심 성 고운 사람이 사람들에게 인정받고 인생을 잘 살아가더라."

★ "우리 아들은 상황 대처 능력이 뛰어나. 현대 시대에는 꽉 막힌 사람 보다 이렇게 유연한 사람이 성공하는 법이야."

★ "그래, 그걸 해 보고 싶었구나. 우리 딸 이제 다 커서 도전해 보는 것
　도 괜찮겠다."

Chapter 6.

사랑을 느끼게 하는
엄마의 한마디

아이를 키우는 하루하루는 매 순간 행복 그 자체이기도 합니다.
그것을 느낄 수 있는 지혜로운 엄마, 현명한 학부모이길 바랍니다.
매일 아이와 일상을 공유하고 추억 통장에 적립하면서
매순간 "엄마를 만나러 와줘서 고마워. 엄마는 네 덕분에 행복해"라고
소리 내어 말할 수 있기를 바랍니다.

엄마의 사랑을 의심하는 아이에게

아이들은 사소한 변화나 노력에도 감동하고 감탄하면
더 큰 감동과 행복을 선사해줍니다.

아무리 건망증이 심한 어머니라도 아이와의 첫 만남을 기억하지 못하는 분은 없으실 거라 믿습니다. 제가 아는 어떤 분은 아기를 낳고 나니 'never'라는 영단어를 'naver'라 쓰고 '새벽'이라고 써야 할 것을 '새벽'이라고 쓰는 자신을 보며 심각하게 알츠하이머가 아닐까 하고 의심해봤다고 합니다. 이렇게 건망증이 심한 사람도 출산 후 아이의 얼굴을 처음 볼 때의 장면은 하나하나 모두 기억합니다. 그 순간 모든 엄마들의 공통된 느낌은 "감동 그 자체였다. 신기했다"였습니다. 자녀와의 첫 간남은 유행가 제목처럼 '넌 감동이었어!'입니다.

아이가 태어난 직후에는 손가락, 발가락이 10개 모두 있고, 신체 건강한 것에 감사하는 부모님들이 대부분입니다. 그러다 걸음마를 시작하면 잘 걷는 것에도 박수를 칩니다. 그러다 초등학교에 입학하면 스스로 가방을 매고 시간에 맞춰 학교에 가는 것을 기특해합니다. 운동회날 달리기하는 모습을 찍으려는 1학년 학부모님들을 보면 방송국 카메라맨을 연상하게 됩니다.

그런데 감사한 마음은 여기까지입니다. 수학을 못하면 대학을 포기해야 하고, 영어를 못하면 취업을 포기해야 한다는 한국에 살고 있어서일까요? 아이가 탄생했던 순간, 걸음마를 시작했을 때의 감동과 감사한 마음은 모두 사라지고 맙니다. 초등학생이 되면 내 아이는 영재라서 미국 명문대에는 가야 한다고, 중학생이 되면 SKY는 가야 한다고, 고등학생이 되면 적어도 서울에 있는 대학에는 가야 한다고 강요합니다. 대학에 진학하면 대기업에 취직해야 하고, 취직하고 나면 좋은 배우자를 만나 결혼해야 합니다. 이렇듯 자식에 대한 부모님의 욕심은 정말 끝이 없습니다.

이렇게 시간이 지날수록 아이에 대한 감탄과 감사의 마음은 강요와 억압으로 변질되어 갑니다. 그러면서 아이에게 쏟아내는 비난의 수위도 높아집니다.

"씨는 못 속이는 법이야! 네 친가 쪽이 그렇지."

"너 때문에 하여간 내가 못살아! 내가 제명에 못 죽지. 너, 아주 엄마를 돌아 버리게 만들 속셈이니?"

"엄마는 회사도 다녀야 돼서 형만 낳으려고 했는데, 덜컥 네가 생겨서 낳은 거야."

"첫째가 아들이었어도 너는 세상에 안 태어났어."

이런 말들은 드라마 속에나 나올 것 같지만 저는 학원이 많은 건물 카페에서도 보고, 아이들 일기장에서도 보고, 종종 백화점 이나 마트에서 듣기도 합니다.

특히 첫 아이를 키울 때 부모가 느끼는 감정은 두려움에서 시 작해 죄책감으로 끝날 때가 많습니다. '이렇게 하는 것이 맞는 걸 까? 지금 내가 잘 하고 있는 걸까? 좋은 부모는 못 되어도 중간 은 되는 걸까?' 하는 고민과 의문이 끊임없이 일어나는 것이 자 식 농사입니다.

《탈무드》에도 '세상에서 가장 사랑받는 사람은 모든 사람을 칭찬하는 사람이요, 가장 행복한 사람은 감사하는 사람이다'라 는 말이 있습니다. 감사하는 마음을 가지면 그것만으로도 기분 이 좋아지고 행복한 느낌이 들고 뇌가 활성화된다고 합니다. 전 문가들의 말에 의하면 감사한 마음으로 인해 기분이 좋아지고, 뇌 혈류가 원활하게 흘러 의욕이 넘쳐 몸에 활력소가 생긴다고 합니다. 또한 감사하는 마음을 가질 때 뇌에서 알파파가 생성되어 모르핀 같은 효과를 내 통증까지도 완화된다고 합니다.

우리 아이들에게도 많이 감사하면 좋겠습니다. 사소한 일, 작은 일, 당연한 일, 일상적인 일, 지나간 일 등 모든 일에 감사한 마음으로 대하다 보면 아이들은 더 많은 일로 보답한다는 것을 느낍니다. 감사하는 마음을 가진 사람은 부정적인 생각보다 긍정적인 생각을, 망하는 말투보다는 흥하는 말씨를 갖게 될 것입니다.

저는 2013년도부터 감사 일기를 쓰기 시작했고, 벌써 920일이 넘었습니다. 그 후 모든 일에 감사하게 되었고, 제 생활에 많은 변화가 일어났습니다. 예전에는 학생들이 미술시간에 만든 찰흙 작품을 사물함 위에 두면 '이거 2주 정도 전시하다가 버리고 정리해야 할 텐데. 흙가루는 어떻게 치우지? 일이다 일……'이라고 걱정부터 했습니다. 하지만 요즘은 아이들이 조물조물 만들어놓은 작품들에 하나하나 애정이 느껴집니다. 무엇보다 모든 일에 감사한 마음을 갖게 되면서 잔병치레도 많이 줄어들었고, 하루하루가 재미있어 삶에 활력도 생겼습니다.

교실에서의 경험에 비추어 보면 존재 자체에 감사하고, 사소한 변화나 노력에도 감동하고 감탄하고 감사하면 아이들은 저에게 더 큰 감동과 행복을 선사해주었습니다. 어머니들께서도 제가 느낀 기적 같은 일들을 하나씩 느껴 보셨으면 좋겠습니다. 아이들은 엄마의 '감탄'을 먹고 자라는 새싹이니까요.

아이를 키우는 하루하루는 매 순간 행복 그 자체이기도 합니다. 그것을 느낄 수 있는 지혜로운 엄마, 현명한 학부모이길 바랍니다. 매일 아이와 일상을 공유하고 추억 통장에 적립하면서 매 순간 "엄마를 만나러 와줘서 고마워. 엄마는 네 덕분에 행복해"라고 소리 내어 말할 수 있기를 바랍니다. 1년 중 아이의 생일에만 아이의 탄생과 엄마와의 만남을 기념하지 말고, 나머지 364일도 감사한 마음을 간직하고 아이에게 표현해주시길 바랍니다.

Mother's words

★ "너는 특별하단다."

★ "널 정말 사랑한다. 너는 내 인생 최고의 선물이야."

★ "네가 태어난 건 내 생에 최고의 축복이란다."

★ "아빠는 네가 있어서 살맛이 난단다."

부모 말에 반항하는 아이에게

아이는 엄마의 말 한마디에 웃고 웃습니다. 그런 아이에게 윽박지르거나 고함치지 마세요. 아이는 엄마가 하는 대로 행동할 뿐입니다.

제 가장 친한 친구는 특수학교 교사입니다. 주로 지적장애, 발달장애, 자폐성 장애를 가진 아이들을 지도합니다. 저는 몸이 건강한 아이들을 가르쳐도 힘들다는 말이 나오는데, 그 친구는 얼마나 힘들까 하는 생각도 듭니다. 예쁜 얼굴만큼 마음씨도 예쁘고 인내심이 강하기에 할 수 있는 일일 것입니다. 그 친구와 대화를 나누다 보면, 건강하고 씩씩하게 자라나는 아이들에게 분노하고 짜증부리며 화냈던 일들을 반성하게 됩니다.

엄마 말을 잘 듣고 자신의 의견을 표현할 수 있고, 스스로 걸어서 학교에 갈 수 있는 것은 아이가 어떤 장애도 없이 건강하기에 가능합니다. "넌 손이 없니 발이 없니? 사지 멀쩡한 놈이 이것도 못하니?"라고 하시는 분이 계실까요? 이럴 때는 같은 말이라도 "너 지난번에 보니까 엄마보다 낫더라. 스스로 잘하던데. 또 멋진 모습 한 번 보여줘!"라고 말해주세요.

한번은 어느 대학에서 주최하는 영재 선발 시험장에 갔다가 이런 말도 들어보았습니다.

"너 정도면 장애야, 반항 장애! 그런 병도 있대. 그 정도 반항이면 병이야, 병!"

"너 정도면 자폐증이야."

하지만 그 말을 들은 아이는 놀라는 기색이 없고 오히려 제가 얼굴이 노랗게 될 만큼 놀랐습니다. 상황을 보니 영재로 선발되면 매주 주말마다 친구들과 놀지 못하고 대학교에 수업을 들으러 다녀야 해서 아이는 시험을 보기 싫다는 입장이었습니다. 그 아이의 엄마는 될지 안 될지 모르지만 당연히 시험을 봐야 한다고 설득하다가 아이가 말을 듣지 않자 막말을 한 것입니다.

신체적으로 아무 이상이 없는 건강한 아이가 뇌의 활동이 활발하지 못하다면 아이의 정서나 감정을 지속적으로 불편하게 해주지 않았는지 점검할 필요가 있습니다. 연구 결과에 따르면 뇌의 불안하고 불편한 감정을 담당하는 부분이 활성화되면 고차원적인 학습에 참여하는 활동마저 약해진다고 합니다. 따라서 학습은 스트레스나 우울증에서 자유로울 때 가장 최상의 상태로 이루어지며, 창의적인 아이디어도 떠올릴 수 있습니다.

아이가 신체 건강한 것은 너무나 당연한 일이라 생각하시나요? 만약 엄마가 이러한 평범한 강점도 긍정적으로 받아들인다면 어떨까요? 분명 아이의 마음이 밝아져 실력 발휘도 더 잘할 거라는 생각이 듭니다.

아이가 자신의 방을 엉망진창으로 어질러놓는 것도, 정리정돈을 스스로 잘하는 것도 아이가 건강하기 때문에 가능한 일입니다. "또 이렇게 어질러놨니? 엄마가 무슨 네 종인 줄 알아?"라고 말씀하시는 분이 계시지요? 힘들어도 이렇게 바꿔 말할 수는 없을까요?

"우리 아들은 놀기도 잘 놀고, 정리도 잘하고 멋지다. 오늘은 네가 피곤해 보이니까 엄마가 대신 정리해도 되겠니?"

내일 학교에 가야 하는데 일요일 밤 늦게까지 자지 않고 책을 보거나 노는 것 또한 신체가 건강하기에 가능한 일입니다. "빨리 좀 자! 너 내일 아침에는 엄마가 절대 안 깨워줄 거야"라고 말하기보다 "엄마 오늘 컨디션이 안 좋아서 일찍 자야 할 것 같다. 내일 아침에 아들이 모닝콜 해주면 정말 행복할 것 같은데 어때? 부탁할게."

아이는 엄마의 말 한마디에 울고 웃습니다. 그런 아이에게 윽박지르거나 고함치지 마세요. 아이는 엄마가 하는 대로 행동할 뿐입니다. 그러니 웃으면서 아이와 대화해 보세요. 그리고 좋은 말, 아이의 마음이 편안해질 수 있는 말을 해 보세요. 그러면 아이의 폭력성도, 괴팍함도, 말 안 듣는 것도 달라질 것입니다.

초등학생이라고 아이가 다 자란 것은 아닙니다. 어른이 되어서도 부모 속을 썩이는 사람이 정말 많으니까요. 아이를 존중하고, 아이와 대화해 보세요. 그러다 보면 아이의 마음을 더 잘 알게 되고, 그에 맞는 조언과 위로를 할 수 있게 될 것입니다.

Mother's words

★ "지난번에 보니까 엄마보다 낫더라. 또 멋진 모습 한번 보여줘!"

★ "네가 있어 우리 가족이 더 행복하구나."

★ "정말 감사한 일이야. 가족 중에 아픈 사람이 없다는 것만으로도 축복이지."

아이에게는 온전한 칭찬이 필요합니다

47세의 촌스럽고 뚱뚱한 수잔 보일(Susan Boyle)이 영국의 인기 오디션 프로그램인 〈브리튼즈 갓 탤런트(Britain's Got Talent)〉에 등장했을 때 사람들의 표정은 냉소적이었습니다. 하지만 그녀가 뮤지컬 〈레미제라블〉의 '나는 꿈을 꾸었네(I Dremed a Dream)'를 열창하는 순간 사람들의 표정이 바뀌기 시작했습니다. 어린 시절부터 학습 장애와 못생긴 외모로 친구도 별로 없던 그녀는 외로움을 견디기 위해 노래를 부르기 시작했다고 합니다.

그럴 때마다 수잔 보일의 어머니는 "너는 아름다운 목소리를 가진 멋진 딸이다"라며 끊임없이 칭찬해주었다고 합니다. 수잔은 이런 어머니의 칭찬에 보답하기 위해 오디션 무대에 섰고, 이후 완전히 새로운 인생을 살게 됩니다. 그녀가 지금의 자리에 오른 것은 주변 사람들이 모두 그녀의 가능성을 무시할 때에도 어머니가 무한한 격려와 칭찬을 보낸 덕분이었습니다.

제가 초등학교 다닐 때는 한 반에 50명 정도에 2부제 수업을 할 때도 있었습니다. 요즘은 초등학교 한 반에 정원이 24~30명입니다. 평균 27명 정도입니다. 이 정도 학생이 모이면 씩씩한 아이, 마음이 여린 아이, 부끄럼을 많이 타는 아이, 뭐든지 자기가 1등을 해야 직성이 풀리는 아이, 발표를 시켜줄 때까지 손드는 아이, 발표는 죽어도 하기 싫다는 아이, 체육시간이 제일 행복하다는 아이, 수학이 제일 싫다는 아이 등 정말 다양한 유형을 만나게 됩니다.

아이들만 다양한 것은 아닙니다. 성인도 10명 정도 모이면 그 성격과 성향이 참으로 다양하다는 것을 느낄 수 있습니다. 저는 그 중에서 부모 역할을 하기에 가장 부적합한 성격은 아이의 발달 단계를 기다려주지 못하는 급한 성격 아닐까 하고 생각했습니다.

그런데 그보다 더 부적합한 사람은 칭찬을 하긴 하는데 기분 나쁘게 하는 사람이 아닐까 합니다. 어른들 중에서도 칭찬과 동시에 깎아내리기를 잘하는 사람들이 있습니다. 지금 현재의 성과와 장점에 초점을 두지 않고 과거와 비교하는 것입니다. 예를 들면, "요즘 운동 열심히 하시나 봐요. 예전보다 더 활력 있고 생기 있어 보이네요. 몸매도 더 탄력 있고 건강해 보여 좋네요"라고 칭찬하면 좋은데 "예전에는 군살도 많고 다크서클이 볼까지 내려오고 눈이 퀭하더니 많이 좋아졌네. 비싼 돈 주고 개인 트레이닝이라도 받나봐요."라고 말하는 사람이 세상에 존재합니다.

친하지 않은 지인이 이러면 만남의 횟수를 줄여 자주 보지 않으면 되지만 부모가 아이에게 이런 식으로 말하면 아이는 약 20년간 온전히 듣고 있을 수밖에 없습니다. "1학년 때 태권도 품세는 바지에 똥 싼 것 같더니 올해는 볼 만하네", 이런 칭찬은 들어도 왠지 온전하게 기쁘지가 않습니다. 과거의 약점이나 잘못을 생각나게 하는 칭찬은 하지 않는 것이 좋습니다.

예전에는 이런 식으로 칭찬하는 엄마가 있을 거라고 상상해본 적이 없습니다. 그런데 아이들과 함께 생활하다 보니 언젠가 교실에서 아이들끼리 이야기 나누는 것을 들은 적이 있습니다. 한 아이가 우리 엄마는 칭찬할 때도 꼭 부족했던 과거를 들춰 기분이 상한다며 친구에서 하소연을 하고 있었습니다. 지금의 멋진 모습만 칭찬하면 좋은데 3학년 때의 실수와 과오를 꼭 떠올리게 한다는 것입니다.

"전에는 박자가 너무 안 맞아서 소음 수준이더니, 이제야 드디어 그 곡을 제대로 연주하게 되었구나."

아이들은 나날이 발전해 나가는 존재입니다. 피아노 연습하는 소리가 시끄러워서 이어폰을 낄 수 있는 전자 피아노로 살 걸 후회하는 순간이 있어도 참다 보면 멋지게 연주하는 순간이 옵니다. 그럴 때 "그래, 이제야 드디어 무슨 곡인지 알겠다"라고 옛날의 부족한 모습을 상기시키는 칭찬보다는 지금의 멋진 모습에 초점을 맞춘 칭찬이 더 바람직합니다.

> "그 곡을 이렇게 감미롭게 연주하는 것은 처음 들어보는구나. 엄마 귀에는 세계적인 피아니스트가 연주하는 것보다 우리 아들이 치는 피아노 소리가 더 좋아. 계속 들어도 질리지가 않네."

아이가 초등학생은 통과하기 어렵다는 정보처리기사 자격증이나 한자 2급에 통과했을 때에도 마찬가지입니다. "네가 그 시험에 합격하리라고는 기대도 안 했는데, 해내고야 말았구나"라고 기쁨을 표현할 수 있습니다. 물론 이런 말도 나쁘지는 않습니다. 하지만 자녀 교육에 있어서는 나쁘지 않은 것이 나쁜 것일 수도 있습니다. 좋은 말 다 놔두고 '나쁘지 않은' 말을 해야 할 이유가 있을까요? 드라마에도 그냥 '대사'와 '명대사'로 나뉘어 정말 좋은 대사는 어록에 등재됩니다. 이왕이면 "네가 열심히 노력하고 공부해서 그 시험에 합격했구나. 내가 낳은 딸이지만 엄마보다 더 대단한 것 같아! 정말 자랑스러워. 우리 할머니 할아버지께도 이 좋은 소식을 알려드리자"라고 말해주세요.

아이들은 부모님들이 기뻐하고 자랑스러워하는 모습도 기분 좋지만 부모님의 지인이나 조부모님께 자신을 떳떳하게 소개하고 자랑하는 모습을 보며 앞으로 더 잘하고 싶다는 다짐을 한다고 합니다. '칭찬하고 싶은 마음'을 주변 사람들에게 전달하고 공유해봅시다. 칭찬의 효과는 두세 배 증가하게 됩니다. 아이들은 '칭찬'과 '사랑'을 받아 광합성하는 새싹들입니다.

"그 곡을 힘차고 다이내믹한 박자로 연주하는 게 참 마음에 드는구나. 엄마에
겐 네가 세계 최고의 피아니스트야."
"연습량이 누적될수록 점점 더 훌륭하게 연주하는구나. 꾸준히 노력하는 네
가 자랑스러워. 우리 아들이 연주하는 걸 들으니까 하루의 피로가 싹 사라지
는걸? 넌 역시 피로 회복제야!"

우리 반 아이는 아니었지만 교내 영재반 강사였을 때였습니다. "엄마 잔소리만 들으면 아파트에서 뛰어내리고 싶어요"라고 말하는 아이를 보았습니다. 살아가면서 어차피 말을 하고 살아야 한다면 내 아이가 뛰어내리고 싶을 만큼의 잔소리보다는 세상은 참 아름답고 살아갈 만한 곳이라는 생각이 들게 해주는 칭찬다운 칭찬을 많이 들려주시길 부탁드립니다. 그리고 밖에 나가서 교양 있고 인기 많은 여성으로 손꼽히기보다는 자녀들에게 "우리 엄마는 정말 훌륭한 엄마야. 내가 아는 아줌마 중에 엄마

가 제일 멋져! 다시 태어나도 칭찬의 여왕인 엄마 딸 하고 싶어!"
라는 말을 들을 수 있었으면 좋겠습니다.

Tip

초등 맘이 가장 궁금해하는
학습 관련 Q&A

1. 자기 주도 학습이 중요하다는 것은 압니다. 그런데 그냥 내버려 두면 혼자서는 공부하지는 않습니다. 공부도 습관인데요. 저학년 아이 혼자 공부를 습관으로 몸에 배게 할 수 있을까요?

자기 주도 학습이 중요하지만 저학년 아이가 스스로 방법을 찾아 실천하는 것은 결코 쉽지 않습니다. 자기 주도 학습이란 것은 '아이가 모든 것을 스스로, 혼자, 알아서 잘하는 것'을 뜻하는 것이 결코 아닙니다. 시작은 엄마 주도 학습에서 점점 자기 주도 학습으로 옮겨 가야 합니다. 그렇게 하기 위해 우선해야 하는 것은 부모님과 선생님의 도움입니다. 그리고 그 도움 또한 아이의 기질적 요인이나 특성에 따라 맞춤식으로 이루어져야 하기 때문에 내 아이를 충분히 이해해야 하는 것이 중요합니다. 저학년일수록 '정서적 안정과 동기부여'가 바탕이 되지 않는다면 효율적인 자기 주도 학습이 지속될 수 없습니다.

또 쉬는 시간 10분도 "화장실 다녀와서 미리 책 펴 놔"가 아닌

'복습 2분, 화장실 3분, 놀이 3~4분, 예습 1분' 식으로 활용할 수 있도록 제안해주어야 합니다. 자기 주도 학습의 가장 중요한 핵심은 결국 시간 관리 능력입니다. 전체 시간을 아이가 혼자 조율할 수 있도록 하기보다는 잘게 쪼개어 사용할 줄 아는 능력을 키워주는 것이 필요한 것입니다.

2. 학습과 관련해 아이의 선택을 어느 정도까지 존중해야 할까요? 그림이나 영어, 태권도 할 것 없이 모두 싫다고만 합니다. 어떻게 해야 할까요?

아이가 그림에도, 음악에도, 외국어에도 건혀 관심이 없다면 부모님부터 반성해 보셔야 합니다. 아이가 정말 수준에 맞는 재미있는 미술 작품이나 디자인이 잘 된 물건을 감상한 적이 있다면 저절로 관심이 생겼을 겁니다. 음악에 관심이 없다면 난타공연이라도 같이 보러 간다던지 좋아하는 (아이돌) 가수 콘서트에 가서 라이브로 악기를 연주하는 사람들을 가까이에서 볼 수 있도록 다양한 상황과 문화에 노출시켜야 합니다. 혹은 아이에게는 아무런 잔소리나 강요는 하지 않고 부모가 악기 연주를 즐기며 꾸준히 한다면 아이는 어떻게 반응할까요? 이러한 노력을 1년 이상 했는데도 아이가 모든 것에 흥미와 관심이 없다면 그때 다시 고민하셔도 늦지 않다는 생각이 듭니다.

3. 워킹 맘이라 아이가 불가피하게 학원을 전전합니다. 다른 아이들은 엄마들끼리 그룹을 지어 함께 놀며 교분을 쌓는데, 그 그룹에 끼지를 못해 아이에게 친구

가 안 생기는 것 아닐까 걱정입니다. 아이 성격이 내성적인 편이라서 더욱 그렇습니다. 그럴 때마다 직장을 그만두고 육아에 전념해야 하는 것 아닐까 고민됩니다.

간단하게 말해 '헌신(희생)하는 엄마보다 동행하는 엄마가 되자'라고 말씀드리고 싶어요. 주변에 워킹 맘들을 보아도 자녀가 초등학교 1~3학년 정도가 최대 고비 같습니다. 모든 어려움을 극복하고 직장 잘 다니던 엄마들도 아이가 입학하고 엄마의 손길이 많이 필요하면 '다 자식 잘 키우자고 하는 일인데'라고 하면서 사표를 많이 쓰시더라고요. 그런데 아이가 5학년만 되어도 자기 세계가 생기고 주말에도 친구들과 놀고 싶어 해요. 그래서 자녀가 초등학교 저학년 때를 잘 넘기시라고 하고 싶어요.

4. 친구 관계에서 벌어진 일과 관련해 교사한테 당연히 알려야 할 것과 고자질의 경계는 어디일까요?(여자애들은 특히 자신이 따르는 선생님이 있으면 이런저런 얘기를 전하는 편인 것 같은데, 어쩐지 엄마 기준에서는 그게 고자질같이 느껴져 "그러지 말지" 하고 조언하는데, 애는 왜 그게 나쁘냐고 항변합니다.)

일시적으로 생각이 많아지게 하거나 고민하게 만드는 친구 문제 정도는 스스로 해결할 수 있는 노력해 보는 것이 좋습니다. 그런데 고민이 계속 지속되거나 스트레스 강도가 커서 학교 가는 것이 괴로울 정도로 힘든 교우관계는 빠른 시일 내에 담임 선생님께도 자세하게 설명하는 것이 좋습니다. 저는 너무 심각한 상태에 이르기 전에 미리 말씀해주시면 항상 "선생님도 꼭 알아야 할 부분인데 미리 알아주지 못했네. 말해줘서 고마워"라고 말하는 편입니다. 담임 선생님은 수업을 하는 것뿐만 아니라 아이들의 교우관계도 잘 살펴봐야 하는 것이 의무기에 책임감 있는 교사라면 문제 상황에 대해 이야기해주면 귀 기울여서 들어주지 않을까요?"(솔직히 말해 저도 업무적으로 너무 바쁘면 본의 아니게 건성으로 들을 때도 있습니다. 이럴 때는 아이가 자신의 상황과 심경을 진술하게 손 편지로 써서 전달하면 교사도 학생을 지도하는 데 더 도움이 될 것 같습니다.)

5. 선생님 입장에서 보면 교실에서 어떤 아이가 가장 여쁜가요?

간단하게는 사소한 것 같아도 매일 아침 웃으며 예의 바르게 인사하며 다가오는 학생이 제일 예쁩니다. 그만큼 인사가 익숙하지 않거나 하는 방법을 몰라서 혹은 쑥스러워서 잘 못하는 친구들이 많다는 뜻입니다. 교사들 중에서도 인사를 잘 안 하면 욕먹습니다. 인사만 밝게 잘해도 선배 교사들에게 예쁨 받습니다. 그만큼 인사는 기본이면서 매우 중요합니다.

사람에 대한 기본적인 배려와 예의가 있고 긍정적인 학생이 가장 예쁘다는 생각이 듭니다. 어려운 상황에서 문제 해결 능력이 조금 부족하더라도 기본적인 태도와 마인드가 긍정적이라면 기특해 선생님도 도와주고 싶은 마음이 절로 듭니다. 그러나 문제 해결 능력은 뛰어난데 자신보다 못한 친구를 우습게보고 매사 부정

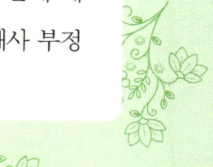

적인 태도로 일관하면 그런 부분에 대한 교육은 무척 어렵기 때문에 교사들도 변화시키는 데 한계가 있습니다.

6. 스마트폰과 게임은 언제 허용해야 할까요?

'언제'를 논하는 것부터 생각을 바꿔 보시기를 권해드립니다. 이 질문에는 '우리 아이는 게임을 즐기게 될 거야'라는 전제가 깔려 있기 때문입니다. 부디 이 땅의 학생들이 저처럼 게임을 학습할 기회를 우연찮게라도 놓쳤으면 하는 바람입니다.

그렇다고 빈 공터를 그냥 두면 잡초가 무성해지듯이 아이들이 무료하도록 놔두어서는 안 됩니다 공터에 작물을 심고 잡초를 뽑아야 하듯이 게임만 못하게 하지 말고 그 시간에 무엇을 할지 자녀들과 많은 이야기를 나누면 좋겠습니다. 그리고 운동, 악기 연주, 보드게임, 바둑 등 스스로 결정하도록 도와야 합니다. 사람은 스스로 결정한 것에 대해서는 조금 더 책임감을 갖고 수행하기 때문입니다.